KB138273

따뜻한 기술

고즈윈은 좋은책을 읽는 독자를 섬깁니다.
당신을 닮은 좋은책—고즈윈

따뜻한 기술

이인식 기획
염재호 박영일 안은주 임마누엘 페스트라이쉬 이상헌 김용선 조황희
엄경희 이진애 정지훈 송성수 남문현 이재철 박종오 박정극 김성준 이인식
황상익 예병일 김은애 조흥섭 임성진 장윤규

1판 1쇄 발행 | 2012. 10. 2.
1판 3쇄 발행 | 2015. 11. 30.

발행처 | 고즈윈
발행인 | 고세규
신고번호 | 제313-2004-00095호
신고일자 | 2004. 4. 21.
(121-896) 서울특별시 마포구 동교로13길 34(서교동 474-13)
전화 02)325-5676 팩시밀리 02)333-5980
값은 표지에 있습니다.

ISBN 978-89-92975-78-0

고즈윈은 항상 책을 읽는 독자의 기쁨을 생각합니다.
고즈윈은 좋은책이 독자에게 행복을 전달한다고 믿습니다.

이 책은 해동과학문화재단의 지원을 받아
NAEK 한국공학한림원과 고즈윈이 발간합니다.

첨단과 상생의 만남

따뜻한 기술

이인식 기획

염재호 박영일 안은주 임마누엘 페스트라이쉬 이상헌 김용선 조황희
엄경희 이진애 정지훈 송성수 남문현 이재철 박종오 박정극 김성준
이인식 황상익 예병일 김은애 조홍섭 임성진 장윤규

공학과의
새로운 만남
한국공학한림원

고즈윈
God's Win

차례

따뜻한 기술, 착한 디자인

이인식(지식융합연구소 소장)

과학의 결과가 부자에게 장난감을 제공할 때 과학은 악을 위해서 작용한 것이고,
과학의 결과가 가난한 자에게 필요한 것을 제공할 때 과학은 선을 위해 작용한 것이다.

−프리먼 다이슨 Freeman J. Dyson

1

2004년 3월 제주에서 열린 유엔환경계획UNEP 특별 총회에서 다음과 같은 문제가 제기되었다.

"지구에 한 가족이 있다. 어머니는 가족이 쓸 강물을 길어 오기 위해 날마다 4시간 넘게 10킬로미터를 걸어 오간다. 이 가족이 하루 종일 씻고 마시고 음식을 만드는 데 쓰는 물(7.6리터)은 반대편 대륙에서 변기를 한 번 씻어 내리는 데 쓰는 물(13리터)보다 적다. 이런 가족이 지구 인구의 20퍼센트에 이른다."

잘사는 나라들의 수세식 변기가 지구촌의 심각한 물 부족 사태를 부채질하는 주범임에 틀림없다. 게다가 수세식으로 처리된 분뇨

는 수질오염의 빌미가 된다. 하지만 수세식 변기의 환경오염은 지구촌 전체의 화장실 문제에 비추어 볼 때 오히려 큰 문제가 아닐 수도 있다는 놀라운 사실이 밝혀졌다.

2008년 10월 영국의 언론인인 로즈 조지가 펴낸《중요한 필수품 *The Big Necessity*》은 집안의 수세식 화장실은커녕 집 밖에 공중변소조차 갖지 못한 사람이 세계 인구의 40퍼센트인 26억 명에 달한다는 충격적인 사실을 털어놓았다. 남아메리카, 아프리카, 아시아에서 화장실이 없는 사람들은 아무 데서나 배변을 하므로 음식과 식수를 오염시키는 것으로 나타났다.

이 책에서 조지는 세계 질병의 80퍼센트가 이러한 배설물에서 비롯된다고 주장했다. 대변 덩어리는 평균 250그램이다. 똥 1그램에는 바이러스 1,000만 개, 박테리아 100만 개, 기생충 알 100개가 들어 있다. 위생 상태가 좋지 않은 26억 명은 하루에 10그램의 대변을 섭취하는 것으로 추정된다.

그 결과 설사를 하게 된다. 설사는 서구에서 단순한 고통으로 여겨지지만 후진국에서는 해마다 220만 명의 목숨을 앗아가는 질병이다. 이는 에이즈, 결핵, 말라리아로 사망하는 사람들의 숫자를 상회하는 것이다. 말하자면 26억 명의 후진국 사람들에게 화장실은 위생의 차원을 넘어 생사가 걸린 문제인 것으로 밝혀진 셈이다. 한마디로 똥이나 오줌을 배설하는 시설 자체가 잘사는 나라의 사람들만이 누릴 수 있는 특권이 되어 있다.

미국의 이론물리학자인 프리먼 다이슨은 1997년 펴낸《상상의 세계*Imagined Worlds*》에서 "부자들을 위한 장난감은 소수의 사람만이 이용할 수 있는 기술적 편리함, 문화적인 생활에 참여할 수 없는 사람들을 더 어렵게 하는 기술적 편리함을 의미한다."고 말했다. 이런 맥락에서 수세식 변기는 부자들을 위한 장난감일 따름이며 가난한 사람들에게 가령 환경친화적인 화장실을 제공할 수 있을 때 과학은 선을 위해 작용하는 것이라고 주장한 셈이다. 이를테면 다이슨은 가난한 사람들을 위해 '착하고 따뜻한' 과학기술이 개발되기를 소망했다고 볼 수 있다.

2

"사람, 자연, 과학기술이 융합된 따뜻한 과학기술을 추구해 나가야 한다. 아직도 과학기술은 국민들의 마음을 감싸 줄 수 있는 과학기술이 아니다. 심한 경우, 과학기술은 과학자나 기술자 그리고 관료들의 전유물일 뿐, 자신들과는 직접적인 연관성이 없다는 인식을 갖고 있는 경우도 자주 발견된다."

2012년 8월 한국공학한림원NAEK이 정책 총서로 펴낸 〈대한민국의 새로운 50년, 과학기술로 연다〉는 따뜻한 과학기술의 중요성을 간과하지 않고 있다. 오는 12월 대통령 선거를 앞두고 차기 정부가 중점적으로 추진해야 할 정책 과제를 도출하기 위해 마련된 정책 총서에서 따뜻한 과학기술의 중요성이 언급된 점은 높이 평가할 만하다. 왜냐하면 2013년 체제의 시대정신으로 자리 잡은 복지사회 구현을 위해 과학기술이 감당해야 할 역할이 중차대하기 때문이다.

과학기술이 한국 사회의 보편적 복지에 기여하기 위해서는 무엇보다 과학기술 수혜 측면에서 불평등 또는 양극화 문제를 해소하지 않으면 안 된다. 이런 맥락에서 과학기술정책연구원STEPI의 연구 보고서인 〈소외계층 삶의 질 향상을 위한 과학기술〉(2010)을 살펴볼 필요가 있다.

이 보고서는 연구가 추진된 배경을 다음과 같이 세 가지로 집약했다.

첫째, 국제금융 위기의 여파로 인한 중산층 감소 및 빈곤층 증가로 사회 양극화가 심화됨에 따라 소외계층 삶의 질 향상이 중요한 국가적 과제로 대두되고 있음.

둘째, 우리나라의 정부 연구 개발 투자 규모는 지속적으로 증가하고 있으나 소외계층 삶의 질 향상에 관한 투자 비중은 주요 선진국에 비해 상대적으로 미흡한 실정임.

셋째, 국민의 생활과 밀접한 과학기술의 개발을 통해 사회 인프라 개선 및 일자리 창출에 기여함으로써 과학기술의 사회적 역할 제고가 요구됨.

이러한 문제의식에서 도출된 몇 가지 정책 과제는 다음과 같다.

1. 소외계층 삶의 질 향상을 위한 범부처적 연구 개발 프로그램을 추진한다.
   - 고령자와 장애인 문제 : △ 노화 연구 △ 재활 보조기기의 개발 및 보급 확대
   - 저소득층 사회 서비스 : △ 신종 질환과 전염병의 확산 방지 체제 개선 △ 나병과 폐병 등 소외 질병과 희귀 질환 해결을 위한 기술
   - 서민 생활환경 : △ 모기 등 병해충에 대한 통제 능력 증대 △ 교통 체계와 주거 환경 개선 △ 자연재해 저감 대책
2. 사회적 기업을 육성하여 기술 기반 사회 서비스를 강화한다.
3. 개발도상국의 사회문제 해결에 필요한 기술혁신을 촉진하는 공적개발원조 ODA사업을 추진한다.

이 보고서는 정책 과제가 실현될 경우 "국민 실감형 과학기술이 개발되어 고령자와 장애인 등 사회적 약자의 일자리가 창출됨과 아울러 ODA에 의한 국격의 제고로 '따뜻한 사회'가 실현될 것"이라고 결론을 맺고 있다.

따뜻한 기술은 아직 정책 연구 단계에 머물러 있지만 따뜻한 기술과 개념적으로 일맥상통하는 측면이 적지 않은 '착한 디자인'은 이미 국내에서 괄목할 만한 성과를 내고 있다. 세계 유수의 산업디자인 단체들이 주도하는 착한 디자인 운동은 소외받는 사람들, 특히 제3세계 주민들의 삶을 개선하는 작업을 활발히 진행하고 있는데, 국내 디자인 전문가들도 이런 흐름에 적극적으로 동참하여 세계적 권위를 지닌 디자인상을 여러 차례 수상하기도 했다. 사회 공헌 디자인 또는 나눔 디자인이라고도 불리는 착한 디자인이 제3세계 사람들을 위해 내놓는 작품은 가령 아프리카에서 초음파를 발생시켜 모기를 퇴치하는 장치나 인도에서 연탄가스 중독을 줄이기 위해 재래식 아궁이를 개선한 조리 기구처럼 적정기술 appropriate technology로 분류될 수 있기 때문에 따뜻한 기술과 상당 부분 겹친다고 볼 수 있다. 이런 의미에서 따뜻한 기술은 착한 디자인을 통해 벌써 우리 사회에 뿌리를 내리기 시작했다고 해도 무방할 것 같다.

3
따뜻한 기술과 착한 디자인에 대한 한국 사회의 관심을 불러일으키기 위해 기획된 이 책은 총 3부 15장으로 구성되어 있다.

1부에서는 따뜻한 기술의 본질을 파악하기 위해 인문학과 과학기술 분야의 전문가를 각각 5명씩 모두 열 분(이하 경칭 생략)을 초빙하여 고견을 듣는다.

인문학자의 경우 염재호(행정학), 박영일(과학기술 정책), 안은주(환경사업), 임마누엘 페스트라이쉬(인문기술 융합), 이상헌(기술 윤리) 등 다섯 분이 특유의 논리를 전개한다. 과학기술 분야에서는 김용선(기술 경영), 조황희(과학기술 정책), 엄경희(디자인), 이진애(환경 과학), 정지훈(의학) 등 다섯 필자가 참여하여 탁견을 펼친다.

2부는 따뜻한 기술을 적정기술 중심으로 세계 과학사(송성수)와 우리나라의 전통 기술(남문현) 속에서 되돌아보는 자리를 마련한다.

3부에는 따뜻한 기술과 착한 디자인의 구체적인 사례를 우리 삶의 다양한 측면에서 살펴보는 옥고들이 집대성되어 있다. OLPC(이재철), 의료 복지 로봇(박종오), 생체조직공학(박정극), 신경보철(김성준), 뇌-기계 인터페이스(이인식), 의학(황상익), 제약(예병일), 의복(김은애), 환경(조홍섭), 에너지(임성진), 친환경 주택(장윤규) 등 열한 개 분야에서 따뜻한 기술과 착한 디자인의 이모저모를 소개한다.

이 책은 여러분의 도움과 격려로 세상에 태어났다. 무엇보다 관련 문헌조차 구하기 힘든 주제인 따뜻한 기술과 착한 디자인에 대해 옥고를 보내 주신 필자 여러분에게 머리 숙여 감사를 드린다. 다만 착한 디자인 부문에서 좋은 원고를 충분히 확보하지 못해 아쉬울 따름이다. 이 책의 기획 의도에 전폭적인 지지를 보내고 출판을 지원한 한국공학한림원 여러분에게도 감사의 뜻을 전하고 싶다.

따뜻한 기술은 인문학과 과학기술의 융합이 사회적 관심사가 되는 과정에서 그 중요성이 부각된 것만은 부인할 수 없는 사실이다. 이런 맥락에서 《지식의 대융합》(2008), 《기술의 대융합》(2010), 《인문학자, 과학기술을 탐하다》(2012) 등 융합 3부작을 펴낸 출판사와 발행인에게 이 책이 행운을 듬뿍 안겨 주게 되길 바라는 마음 굴뚝같다.

참고 문헌 ───────────────────

■ 《인문학자, 과학기술을 탐하다》, 이인식 기획, 고즈윈, 2012.
■ 《자연은 위대한 스승이다》, 이인식, 김영사, 2012.
■ 〈소외계층 삶의 질 향상을 위한 과학기술〉, 안두현·송위진, 과학기술정책연구원, 2010. 2. 15.
■ 〈대한민국의 새로운 50년, 과학기술로 연다〉, 한국공학한림원, 2012. 8. 1.
■ *Imagined Worlds*, Freeman Dyson, Harvard University Press, 1997/ 《상상의 세계》, 신중섭 역, 사이언스북스, 2000.
■ *The Big Necessity*, Rose George, Metropolitan Books, 2008.

1부
따뜻한 기술이란 무엇인가

* 염재호 (고려대학교 행정대외부총장)
* 박영일 (이화여자대학교 디지털미디어학부 교수)
* 안은주 ((사)제주올레 사무국장)
* 임마누엘 페스트라이쉬 (경희대학교 후마니타스 칼리지 교수)
* 이상헌 (동국대학교 교양교육원 교수)

1장

인문학이 생각하는 따뜻한 기술

염재호(고려대학교 행정대외부총장)

고려대학교 법대 행정학과를 졸업하고 스탠퍼드 대학교에서 정치학 박사 학위를 받았다. 1990년부터 고려대학교 행정학과에서 학생들을 가르치고 있다. 일본 히토쓰바시 대학교 산업경영연구소에서 통산성의 첨단산업 정책을 연구하고 이후 일본 쓰쿠바 대학교, 호주 그리피스 대학교, 영국 브라이턴 대학교, 중국 베이징 대학교 등에서 외국인 객원교수로 연구했다. 국가과학기술자문회의 전문위원, 한국과학재단 이사, 한국정책학회 회장, 현대일본학회 회장을 역임했다. 현재 국가과학기술위원회 위원, 국가 R&D 전략기획단 단원, 한국연구재단 한일기초과학교류위원회 인문사회분과위원장, 서울시 산학연협력포럼 회장 등으로 활동하고 있다. 또한 국제학술지 'Asian Research Policy'의 편집장으로 활약하고 있다. 주요 저서로는 《딜레마 이론》《現代韓國の市民社會·利益團體》등이 있고, 〈産業政策の日韓比較−半導体技術開発政策の新制度論的分析〉등 다수의 과학기술 정책 관련 논문 및 연구서가 있다.

사회적 과학기술, 21세기 새로운 조류

1

세기가 바뀌면 사회시스템도 바뀌고 이념이나 철학도 바뀐다. 18세기 말 과학기술의 발전으로 세계는 이전에 비할 수 없는 엄청난 생산력 증대를 이루어 냈다. 하지만 이를 바탕으로 19세기 제국의 팽창이 나타났고 부의 편중이 심화되는 세계사의 어두운 모습 또한 보여 주었다. 19세기에서 20세기로 넘어오면서 등장한 공산주의와 두 차례에 걸친 세계대전도 과학기술의 발전을 통한 생산력 증대에 크게 영향을 받았다. 20세기에서 21세기로의 전환은 인류에게 어떤 정신적 변화를 초래할까?

20세기 인류는 과학기술의 발전으로 인류 역사상 경험하지 못했던 풍요로움을 맛보게 되었고, 기술의 발전은 사회시스템에도 영향을 미쳤다. 사실 20세기 초만 하더라도 과학기술은 자본, 노동, 토지와 달리 생산에 있어서 중요한 요소로 간주되지 않았다. 이러한 때에 과학기술의 우월성에 주목한 사람이 있었는데 그가 바로 테일러Frederick W. Taylor이다. 그는 1911년 과학적 방법을 생산방식에 적용하면 생산성이 획기적으로 높아진다는 소위 '과학적 관리법scientific management'을 주창했다. 처음에는 노동자를 착취하기 위한 방법이라는 비난도 받았지만 생산과정에서 과학적 방법론이 도입되면서 20세기 초반 생산성이 기하급수적으로 증대되었다. 과학적 관리법의 활용으로 자본주의에서는 포디즘Fordism 같은 대량 생산 체제가 나타났고, 공산주의에서는 계획경제 생산 체제가 나타났다. 자본주의가 되었건 공산주의가 되었건 과학기술의 사회적 적용이 인류에게 20세기의 풍요로움을 제공해 준 것이다.

20세기 후반 마이크로일렉트로닉스 혁명에 따른 컴퓨터와 통신의 비약적 발전은 인류 문명을 다시 한 번 획기적으로 바꾸었다. IT를 활용한 첨단 기술의 발전은 새로운 산업구조를 만들었고, 사회 문화나 경제 시스템의 패러다임도 변화시켰다. 보이는 하드웨어가 아니라 보이지 않는 소프트웨어가 높은 부가가치를 나타내게 된 것이다. 인간의 생존에 필요한 기능적 물질을 생산하는 것이 아니라 레저, 오락, 문화, 엔터테인먼트 등 감성적 제품들을 생산하는 것이 엄청난 부를 안겨다 주었다. 영화 〈타이타닉〉이나 애니메이션 영화 〈아바타〉의 매출이 웬만한 자동차 생산 매출을 능가했다는 것이 대표적인 예다.

이제 과학기술과 인문사회학의 융합이 미래의 산업을 주도한다는 인식이 확산되고 있다. 감성을 사로잡지 않고서는 아무리 좋은 기술이라도 소비자에게 다가갈 수 없다. 사회 변화가 기술을 선도

하는 현상이 여기저기에서 나타나고 있다. 인터넷과 온라인 게임의 발전으로 광통신망이 급속히 확충되었고, 휴대전화 사용 증대 및 스마트폰의 공급과 확산은 엄청난 정보통신기술의 발전을 가속화시켰다. 이제 기술과 사회는 공진화co-evolution 과정을 거치면서 사이클론처럼 수직 상승하는 발전 모습을 나타내고 있다.

2

21세기 초 이러한 첨단 과학기술 발전의 패러다임은 또 다른 도전을 받게 된다. 전 세계의 대학과 기업들이 뛰어난 과학자와 기술자를 활용하여 최첨단 기술을 개발, 고부가가치를 지닌 신제품을 소비자에게 제공함으로써 엄청난 부를 축적하게 된 것이다.

모든 과학기술 지식이 선진국과 초일류 글로벌 기업의 부를 축적하는 데 봉사하는 셈이었다. 1980년대 이후 확산된 신자유주의 이념과 함께 첨단 기술은 IT뿐 아니라 금융공학, 유전공학, 신약 개발 등 다양한 분야에서 새로운 부가가치를 창출하는 데 여념이 없었다.

이런 과정에서 21세기 초반 자본주의의 극단적 이윤 추구 문제가 제기되었다. 금융공학을 활용하여 파생 금융 상품을 개발, 엄청난 이윤을 남기던 월가가 2008년 붕괴된 사건은 탐욕적 자본주의의 모순을 적나라하게 드러냈다. 이런 문제를 민감하게 느낀 마이크로소프트의 빌 게이츠Bill Gates 회장은 2008년 다보스 포럼에서 '창조적 자본주의creative capitalism'를 주창하였는데, 이는 저소득층과 약자를 위한 자본가의 노력을 촉구하며 자본주의의 폐해를 극복하기 위한 것이었다.

이제 신자유주의 이념이 퇴조하면서 자본주의 4.0과 공공성의 논의가 부활하고 있다. 우리나라에서도 미소금융과 같은 저소득층을 위한 마이크로 크레디트나 사회적 기업의 활성화를 위해 노력하는 모습들을 쉽게 찾아볼 수 있다.

과학기술도 이러한 이념적 조류의 세계사적 변화의 물결을 비켜 가지 않고 있다. 뛰어난 과학자와 엔지니어들이 고부가가치를 얻기 위한 최첨단 기술의 개발에만 몰두하는 데 대한 비판적 시각이 나타나게 된 것이다.

과연 초일류 기업의 신제품 생산과 최첨단 군사 장비, 그리고 고수익 의약품 개발을 위한 과학기술만이 의미 있는 과학기술 활동인가, 기술은 지식을 활용하여 인간의 삶을 보다 편리하고 안전하게, 또 풍요롭고 행복하게 하는 것인데 부의 축적을 위한 기술만이 기술개발의 궁극적인 목표인가, 모든 공학도들은 반도체, 휴대전화, 컴퓨터, 자동차, 항공기 등의 첨단 제품과 이를 생산하기 위한 신소재 개발 연구에만 전념해야 하는가, 같은 질문이 그것이다.

이미 영국의 경제 사상가 슈마허E. F. Schumacher는 1973년 《작은 것이 아름답다Small is beautiful》라는 책을 통해 적정기술이라는 기술의 또 다른 얼굴을 보여 주었고, 오늘날 이 사상이 다시 재조명되고 있다. 아프리카나 남미와 같은 저개발 국가들에게 최첨단 기술은 삶을 풍요롭게 해 주는 도구가 되지 못한다. 전기가 들어오지 않는 곳에서 전기세탁기, 냉장고, 텔레비전, 컴퓨터는 그림의 떡에 불과하다. 선진국에서는 그들의 지치고 힘든 삶에 전혀 도움이 되지 않는 기술들만 양산하고 있는 것이다. 하지만 기술은 인간의 삶을 보다 풍요롭고 안전하게 만드는 것이기에 과학기술자 사이에서 이에 대한 반성이 일고 있다. 이것이 바로 최첨단 기술이 아니라 적정기술의 필요성이 제기된 이유이다.

3

스탠퍼드 대학과 매사추세츠 공대MIT 등의 여러 공대 및 경영대에서 적정기술을 위한 세미나 과목이 개설되었고, 창의적인 아이디어를 가진 교수와 학생들이 제3세계 국가의 시민들을 위한 기술개발을 하기 시작했다. 매사추세츠 공대에서는 전기가 들어오지 않는 남미 페루의 마을에 자전거 페달을 이용하여 세탁기를 돌리는 장치인 바이슬아바도라bicilavadora라는 자전거세탁기를 고안해 보급했다.

독일의 과학자들은 인도나 아프리카의 여인들이 폐암에 많이 걸리는 연유가 물에 젖은 나무나 나무뿌리를 캐내어 움막집에서 불을 땔 때 나오는 연기의 문제라는 것을 인식하고 새로운 조리 기구를 만들었다. 즉 스테인리스로 태양열을 모아 조리하는 기구이다. 이러한 조리 기구로 인해 움막에서 조리할 때 나는 연기를 잡았을 뿐 아니라 여인이나 어린아이들이 사막화되어 가는 아프리카에서 나무를 남벌하는 문제도 해결하고, 땔감을 찾아 하루 종일 들판을 헤매는 엄청난 수고를 덜어 주게 되었다.

© 굿네이버스

사탕수수로 만든 숯

굿네이버스는 (사)나눔과기술과 협력하여 사탕수수로 만든 숯을 개발했다. 지난 2011년 4월부터 아프리카 차드 지역의 주민들에게 기술을 전수해 숯을 생산하고 있으며, 이 수수대 숯은 현지 판매 숯보다 1/25 정도 저렴해 빈곤 가정들의 생활 유지에 도움을 주고 있다.

식수를 구하러 가는 아이

아프리카에서 식수를 얻기 위해서는 먼 강가까지 가서 물을 길어 와야 한다. 사하라 이남에서 물을 떠 오기 위해 버리는 시간은 1년에 총 40억 시간에 이른다. 〈사진-www.vestergaard-frandsen.com〉

생명의 빨대로 물 마시는 아이와 생명의 빨대
〈사진-www.vestergaard-frandsen.com〉

  한국의 국제구호개발 NGO 굿네이버스는 보다 간편하게 연료를
만드는 방식을 고안했다. 땔감을 얻기 위해 나무를 뿌리째 뽑게 되
면 사막화와 황폐화가 심해진다. 대신 매년 엄청나게 자라나는 사
탕수수를 잘라 통에 넣고 태우다가 공기를 막아서 이를 가루로
만들면 갈탄이 만들어지는데, 이를 연료로 사용하면 이 같은 문제
를 대체할 수 있다. 이러한 땔감의 개발은 만들기도 쉽고, 보관도
용이하며 태양이 없는 저녁에도 손쉽게 조리에 활용할 수 있다는
장점이 있다.

  아프리카에서 제일 심각한 문제 중 하나는 식수 공급이다. 물을
얻기 위해서는 먼 강가까지 가서 물을 길어 와야 한다. 또한 이런
물은 흙탕물과 같아서 식수로 사용하기에는 문제가 많다. 이를 해
결하기 위해 고안된 것이 '생명의 빨대life straw'와 '큐드럼Q Drum'이
다. 생명의 빨대는 작은 빨대 통 안에 정수 여과 장치를 만들어 그
것에 입을 대고 마시면 안전하게 정수가 된 물을 마실 수 있는 장

치이다. 또 큐드럼은 먼 곳까지 가서 물을 길어 머리에 이고 오는 어려움을 해결하기 위해 보급된, 손쉽게 굴려서 운반할 수 있는 물 드럼통이다. 이처럼 과학기술의 아이디어를 활용하여 고통받는 사람들에게 엄청난 혜택을 주는 것이 사회적 기술의 효용이다.

4

이제는 이러한 방식들이 제3세계뿐 아니라 우리 사회에도 적용될 가능성에 대해 이야기해야 한다. 예를 들어 겨울철만 되면 기업이나 사회단체들이 고지대 독거노인들을 위해 연탄 배달을 하는 사진을 종종 보게 되는데, 연탄 배달로 그칠 게 아니라 독일에서 에너지를 거의 쓰지 않고도 실내 온도를 적정하게 유지할 수 있도록 개발하고 있는 패시브하우스passive house 기술과 같은 새로운 기술을 개발해 보급하는 것이 필요하다.

초고령화 사회로 진행되는 과정에서 노인들의 복지를 위한 다양한 사회석 기술개발은 시급하나. 노인들은 침내에서 휠체어로 옮겨 앉는 것조차 도우미 없이는 불가능하다. 이런 일을 가능하게 하는 장치나, 걷기 불편한 노인들을 위한 보행 보조 장치 등의 개발은 매우 유용할 것이다.

이제 기술 공급자의 측면에서 소비자들에게 신기술 제품을 사용하도록 강요할 것이 아니라 기술 수요자가 정말 필요로 하는 제품들이 무엇인지를 확인해 기술을 개발해야 한다. 30여 년 전 환경기술이 개발되기 시작할 땐 경제성이 떨어진다는 비판이 있었지만 이제는 녹색 기술이 경제적 효과성이 높은 기술로 자리매김하고 있다. 사회적 기술 역시 향후 경제적 효과성이 높은 기술로 보장될 가능성이 높다. 이제 과학기술자들은 첨단 기술뿐 아니라 사회적 기술에도 관심을 기울여야 한다. 복지 기술, 보건 기술, 교통 기술, 생활 기술 등 다양한 적정기술이 인류의 삶을 풍요롭게 해주는 수단으로서 첨단 기술 못지않게 중요하다는 것을 인식하는 것이 21세기의 새로운 사상적 조류에 부응하는 길이다.

박영일(이화여자대학교 디지털미디어학부 교수)

서울대학교에서 경영학을 공부한 후 KAIST에서 경영과학 공학석사 및 산업경영학 공학박사 학위를 취득했다. 과학기술부에서 과학기술정책, 국가연구개발사업 기획관리 분야에 종사했으며 과학기술부 차관을 끝으로 2007년 공직에서 물러나 이화여자대학교에서 과학기술경영, 미래학의 이해 등을 가르치고 있다. 또한 한국과학기술단체총연합회 부회장 겸 정책연구소 소장을 맡고 있으며, 《일본 과학기술의 사회사》《실천 R&D 매니지먼트》라는 책을 번역했다.

성장의 과학기술에서 복지의 과학기술로

복지사회에 기여하는 과학기술

2012년 4월 25일 스위스 로잔에서 의미 있는 한 연구 결과가 일반에 공개됐다. 병원에 있는 사지마비 환자가 100킬로미터 떨어진 연구소 실험실의 로봇을 조종한 것이다. 바로 사지마비 환자의 머리에 씌워진 레드 캡red cap이라는 뇌파 신호 측정·기록 장치가 환자의 뇌파를 인식하고 그 신호를 인터넷으로 전송하여 생각만으로 멀리 떨어진 로봇을 움직이게 했다. 이는 일종의 아바타 기술로 이것이 실용화된다면 사지마비 환자가 자신의 전동 휠체어를 생각만으로 조종할 수 있게 된다. 해마다 13만 명씩 새로 생겨나는 척추손상 사지마비 환자들에게 희망을 주는 이 연구 결과는 물론 아직은 환자가 집중력을 잃거나 주변에 많은 사람들이 있어 정확한 뇌파 신호 측정이 어려울 경우 제대로 작동하지 않는다는 한계가 있어 실용화가 되기까지는 시간이 걸릴 것이라 하나, 어쨌든 과학기술의 성과가 의료 복지에 적용되어 따뜻한 사회를 만드는 데 일조할 수 있음을 보여 주는 좋은 사례라 하겠다.

18세기 중반, 산업혁명이 시작된 이래 20세기 정보화 혁명의 고개를 넘어오면서 과학기술은 급격히 발전해 왔으며 그 폭과 속도는 날이 갈수록 상상의 범위를 뛰어넘고 있다. 이러한 과학기술의 성과는 그동안 전적으로 경제성장에의 기여 측면에서 평가되어 왔으며, 그 결과 '경제 발전의 동인動因, driving force이자 수단으로서의 과학기술'의 개념이 강조되어 왔다. 그동안 우리를 지배했던 주요 논리는 '국가의 삶의 질이 생산성 증가율, 소득, 취업률 등 경제적 행위의 지표[1]라는 인식이었다. 그러나 과학기술에 대해 일반 대중들이 느끼는 인식[2]은, 과학기술에 의해 생활이 편리해졌다는 것(83퍼센트)과 더불어, 과학기술이 사회에 크게 기여한 분야로 보건, 식량, 환경 등을 우선적으로 꼽을 정도로 복지사회에 대한 과학기술의 역할이 크게 요구된다는 점이다. 고도의 첨단 기술이 아니더라도 단순한 기술만으로도 복지를 상당히 향상시킬 수 있음[3]은 백신과 같은 의료 기술이나 수자원 관리 기술 등 많은 예에서 쉽게 찾을 수 있다.

....

1 Lewis M. Branscomb and James H. Keller eds., Investing in Innovation, The MIT Press, 1998, 40p.
2 2009년 미국 The Paw Research Center와 AAAS가 공동 실시한 미국 대중의 과학기술에 대한 인식 조사 결과 자료다(원본은 http://www.upf.edu/pcstacademy/_docs/Pew-Science_Survey_2009.pdf 참조).
3 The World Bank, Innovation Policy : A Guide to Developing Countries, 2010, 46p.

2002년 후쿠시마 다이이치 원자력발전소 〈좌〉
지진해일 이후 피해를 보여 주는 2011년 3월 16일 다이이치 발전소의 위성사진 〈우〉

따뜻한 과학기술의 필요성

복지사회에 대한 과학기술 역할의 확대 논의가 더욱 활발해진 것은 일련의 사건 혹은 현상과 관련 깊다.

우선 지난 2011년 3월 일본 후쿠시마 앞바다에서 일어난 쓰나미는, 아무리 성장 중심의 과학기술이 발전한다 한들 국민의 생명과 재산을 지키는 과학기술의 발전 없이는 그 성과를 향유할 수 없다는 사실을 적나라하게 보여 주었다. 우리가 그토록 믿었던 원자력 발전소의 10^{-6} 사고 확률이라는 안전성은 단순한 숫자 이외의 의미를 주지 못했고, 누적된 과학기술의 결과물은 커다란 자연재해 앞에서 순식간에 무너져 버렸다. 실로 성장의 뒷받침에 치중해 온 과학기술 성과의 한계를 여실히 보여 준 예라 하겠으며, 복지사회 구현을 위한 따뜻한 과학기술의 역할의 중요성이 부각된 사건이라 하겠다.

다음으로는 최근 우리 사회에 불붙은 복지 논쟁이다. 국민 다수가 질 좋은 복지를 값싸게 향유할 수 있도록 해야 한다는 지극히 당연하면서도 추진하기 어려운 과제가 논의되는 가운데, 막대한 지출이 요구되는 복지 확대 논쟁은 단순히 기존 자원의 재배분만으로는 해결할 수 있는 범위를 벗어나고 있다는 것이 일반적인 중론이다. 따라서 복지의 수혜 대상을 확대하면서 질적 수준을 제고하는 문제의 해결과 함께, 막대한 지출이 예상되는 복지 비용을 줄일 수 있는 방안의 마련이 사회 전반에서 요구되고 있으며, 과학기술도 그 대상에서 예외는 아니다. 이러한 복지 논쟁은 단순히 우리나라의 2012년 상황, 즉 총선과 대선으로 이어지는 정치적 상황에 따른 것이 아니라 '월가를 점령하라Occupy the Wall street' 시위 이후 전개되고 있는 1퍼센트와 99퍼센트라는 양극화 심화 현상 속에서 지속적으로 논의되는 이슈이기에 앞으로도 상당 기간 동안 우리가 도전해야 할 중요 과제로 꼽히고 있다.

무엇보다 광우병의 진실을 둘러싼 논쟁 및 21세기 흑사병의 가능성이라는 공포를 느끼게 한 신종플루와 인수공통전염병 확산에 대한 우려 등 과학기술과 관련된 분야에서 국민들을 불안하게 하고 갈등을 해결하지 못한 데 대한 반성이 요구된다. 과학기술의 사회적 책임과 더불어 과학기술적 문제 해결 방식에 대한 국민적 합의와 지지가 함께 요구되는 부분으로, 국민을 안심시킬 수 있는 따뜻한 과학기술의 필요성이 강조되고 있다.

따뜻한 과학기술, 행복한 복지사회

이러한 인식에서 볼 때, 복지사회 구현을 위해 따뜻한 과학기술이 필요한 곳은 실로 광범위하다. 건강하고 안전한 사회를 이루기 위한 보건·의료·질병 대응 기술, 환경, 에너지·자원, 식량, 수자원 문제 해결에 필요한 과학기술, 저출산과 고령화 문제를 해결하기 위한 과학기술, 파괴된 생태계를 복원하고 친환경 생태계를 구축하며 국제적 기후변화 대응에 동참할 수 있는 과학기술, 재해 예방과 국민 안전을 보장할 과학기술, 사회 안전망 구축과 고령층 장애인을 보듬는 과학기술, 친환경 건축·주거 기술의 확보와 도시 재생 기술, 정보와 과학기술이 초래하고 있는 격차를 해소하고 사회 각 부문의 양극화를 해소하는 데 기여할 과학기술, 지역 균형 발전에 기여할 과학기술, 저개발국에게 성장과 복지 수준 향상의 기회를 제공할 것으로 기대되는 적정기술을 포함한 공적원조ODA 관련 과학기술 등이 요구된다. 실로 미래의 행복한 복지사회의 핵심이 바로 따뜻한 과학기술에 있다고 볼 수 있다.

따뜻한 과학기술에 대한 체계적 접근 과제

그렇다면 이러한 따뜻한 과학기술을 어떻게 체계적으로 개발·확보·활용하여 복지사회 구현에 기여할 수 있을까?

무엇보다도 국가 과학기술 정책이 성장 중심에서 성장과 복지를 동시 추구하는 패러다임으로 바뀌어야 할 것이다. 흔히 '성장과 복지의 두 마리 토끼'라 하듯 성장과 복지는 함께 추구하기 어렵다는 것이 일반적인 인식이다. 그러나 성장과 복지의 선순환 구조를 궁리하는 많은 연구를 참조하여 적정한 정책 프레임이 시급히 강구되어야 할 것이다. 과학기술에 대한 미래 인적 투자와 사회 투자 지출 등은 국가 경쟁력이나 재정 건전성에 긍정적 영향을 미친다는 연구[4] 등에 기초할 때, 적정한 투자 조정을 통해 패러다임의 전환을 마련해야 할 것이다.

다음으로 과학기술개발의 수요가 꾸준히 있었음에도 불구하고 단기 효율성의 우선적 추구 과정에서 소홀히 지원되어 온 복지사회와 관련된 과학기술에 대해 획기적인 투자가 촉진되어야 한다. 그러기 위해서는 과학기술 투자 통계나 사업의 분류, 정책 우선순위 결정 기준 등에서 복지사회적 요소들이 중요한 기준으로 자리 잡는 것이 급선무이다. 우리나라의 과학기술 투자 통계는 아직도 정보기술IT, 생명공학기술BT, 나노기술NT, 우주항공기술ST, 환경기술ET, 문화기술CT로 나눠지는 소위 6T 분야별로 집계·발표되고 있다.[5] 각 부처에서 복지사회에 관련된 이슈별로 과학기술 투자가 일부 수행되고는 있으나, 국가 전체의 과학기술 정책이나 투자 조정 기준에서는 복지사회 지향적 요소들이 제 역할을 하지 못하고 있는 실정인 바, 이의 시급한 개선이 요구된다. 이러한 개선 위에 보건·의료·사회복지, 환경·에너지, 식량·자원, 자연·인공 재해 예방 및 사회적 안전, 건설·교통·도시공학·사회간접자본SOC 등의 분야

4 〈복지와 성장의 동반, 가능한가?〉, 양재진, 과학기술정책연구원 발표문, 2012. 5. 2.
5 국가과학기술위원회, 2011 과학기술연감, 2012. 2.

에 대한 과학기술 투자가 대폭 확대되어야 한다. 특히 방대한 투자 소요가 있는 이들 분야의 국책 사업들 중에서 일정률은 장기적이고 비용 절감 유발의 성과가 기대되는 과학기술 분야에 투자를 할당하는 특단의 정책이 강구되어야 할 것이다.

셋째로는 복지사회 구현에 필요한 과학기술 전공자들의 역할이 증대되어야 한다. 식품·제약의 안전, 검역·방역, 재해 예방, 시험·검사·분석, 과학수사, 표준 및 품질 인증 등 과학기술 전문성이 필요한 행정 분야에 과학기술 전공자들을 충분히 충원하고 그들이 제 역할을 할 수 있는 체제를 마련해야 할 것이다. 또 이들 전문직 종사자들이 다른 곳에 눈을 돌리지 않고 국민의 복지만을 생각하면서 일에 전념할 수 있도록 충분한 예우를 함으로써 이들의 자긍심과 사명감을 고취해야 할 것이다.

다시 한 번 강조하지만 가장 중요한 것은 이제까지의 성장 중심의 과학기술에서 탈피하여 복지 중심의 과학기술에 대한 중요성과 역할을 다시금 인식하는 것이다. 그리고 이에 맞춰 과학기술 정책의 패러다임을 변화시키는 것이 현시대의 중요한 과제라 하겠다.

안은주((사)제주올레 사무국장)

이화여자대학교 국어국문학과를 졸업하고 인도 R.K 컬리지에서 MBA를 수료했다. 웅진출판 잡지 본부 기자 생활 및 〈시사저널〉〈시사IN〉에서 경제, 과학전문기자로 활동했으며, 현재 (사)제주올레 사무국장을 지내고 있다. 저서로는 《인도는 왜 갔어?》 《기자로 산다는 것》(공저) 《한국 사회, 삼성을 묻는다》(공저)가 있다.

자연과 인간의 선한 에너지를 모아 가는 실험, 제주올레

제주도의 장거리 도보 여행길, 제주올레는 대한민국 여행 문화의 대표적인 아이콘이 되었다. 2012년 현재 400킬로미터가 넘는 제주올레를 걷기 위해 해마다 100만 명이 넘는 사람들이 제주도를 찾고 있고, 제주도를 넘어 일본 규슈에까지 '올레' 브랜드를 수출했다. 2007년 9월 첫 코스를 개장한 지 5년도 채 되지 않아 '올레'는 대한민국을 넘어 세계적인 장거리 도보 여행길이자 문화 콘텐츠로 성장하고 있다.

빠르게 성장하는 제주올레의 행보를 보면서 많은 사람들이 '성장 비결'을 묻는다. 그 으뜸 비결은 길을 내는 이와 길을 걷는 이 그리고 길 위에 살고 있는 이들 모두 한마음이 되어 자연과 인간의 선한 에너지를 모으기 때문이 아닐까 싶다. 걷는 길을 내겠다는 발상은 누구나 할 수 있다. 그러나 누구나 걷고 싶고, 한번 걸으면

길을 안내하는 화살표

그 길의 매력에 흠뻑 빠져들 만큼 아름다운 길, 그 길을 걸으며 평화와 행복을 만끽할 수 있는 트레일을 디자인하기란 쉽지 않다. 그런 길을 디자인한 뒤에 백 년 천 년 후에도 걷고 싶은 길로 유지·관리할 수 있는 문화를 구축하기란 더 쉽지 않다. 길을 여는 자와 길을 걷는 이, 그리고 길 위에 사는 지역민이 마음을 모으지 않으면 어려운 일이다.

사단법인 제주올레는 자연과 인간이 공존하는 길을 디자인하기 위해 몇 가지 원칙을 고수한다. 옛 제주인들이 걸어 다녔던 길을 찾아내고, 끊어진 길을 이을 때는 반드시 친환경적인 방식을 사용한다. 포크레인 같은 기계의 힘에 기대지 않고 오로지 삽과 곡괭이만으로 한두 사람이 지나갈 수 있는 폭 1미터 미만의 좁은 길을 낸다. 물론 그 길의 잡목 하나라도 베지 않으려고 노력한다. 길을 낼 때 자연경관을 훼손하지 않기 위해 화장실이나 쉼터 같은 인위적인 시설도 가급적 배제한다. 새로운 화장실을 짓기 전에 길이 지나가는 마을의 관공서나 식당, 숙박업소들에게서 열린 화장실 신청을 받았다. 그랬더니 새로 지어야 할 화장실 개수가 3분의 1로 줄었다. 또 사람들의 발길로 훼손된 흙길의 경우 루트를 바꿔 생태계가 복원될 시간을 갖게 하거나 매트를 깔아 답압 훼손이 더디게 일어나도록 유도한다. 제주올레가 주요 사인물로 작은 화살표와 리본을 선택한 이유도 자연과 경관에 변화를 덜 주기 위함이었다.

(사)제주올레 서명숙 이사장은 스페인 산티아고 길을 걸으며 상처받았던 몸과 마음의 치유를 경험했다. 그런 길이 한국에도 있어 많은 사람들이 자신처럼 길에서 위로받고 치유받기를 소망했다. 그게 제주올레의 시작이었다. 처음에는 서명숙 이사장의 남동생만이 이사장을 도우며 힘겹게 길을 냈다. 그러나 시간이 지날수록 점점 많은 사람들이 힘과 열정을 보태 제주올레 길을 완성해 갔다. 제주올레가 새로운 길을 만들거나 보수할 때는 군인이나 지역민 등 다양한 자원봉사자가 도왔다. 크고 작은 돌을 움직여 걷기 편한 길을 내야 할 때는 해병대 수백 명이 찾아왔고, 힘든 숲길을 내야 할 순간에는 특전사 부대원들이 자원해 길을 내 주었다. 사유지 주인들은 제주올레가 지나가는 땅을 기꺼이 내주었다. 또 올레 길의 제주도민 대다수는 올레꾼을 내 손님인양 반갑게 맞이하고 친절하게 대해 준다. 올레꾼들은 "제주도는 불친절하고 바가지요금이 많다고 들었는데, 올레 길에서 만난 제주도민들은 하나같이 친절하

올레 길 11코스

고 인심이 후했다."라고 평가한다. 시외버스 기사들은 정류장이 생기기도 전에 올레 코스 시·종점에 올레꾼들을 내려 주고, 택시 기사들은 올레꾼들에게 여행 정보를 나눠 준다. 또 마을 사람들은 마을 회관을 올레꾼 쉼터로 꾸며 제공하고, 미숫가루 한 잔 팔면서 빈 물병에 생수를 채워 주고, 마른 수건을 적셔 주며 도란도란 제주 이야기를 들려준다. 밀감 철에는 밀감 밭마다 올레 길에 밀감을 내놓고 올레꾼들이 무료로 맛보게 하고 있다. 맞춤법도 틀린 비뚤비뚤한 글씨로 "지나가는 올레꾼들 귤 맛보고 가세요."라고 써 붙여 놓고는 귤을 박스 채 내놓는다.

　올레 길 주변의 숙박업소나 식당들 역시 올레꾼의 입장에서 필

요한 서비스를 개발한다. 대중교통이 불편한 곳에 위치한 숙박업소들은 투숙객이 올레 여행을 보다 쉽게 할 수 있도록 코스 시·종점이나 버스 정류장에 태워다 주고 태워 오는 픽업 서비스를 한다. 저녁에는 올레꾼들이 여행 정보를 공유하고 소통할 수 있도록 술자리를 주선하거나 사랑방 문화를 정착시키고 있다. 게스트하우스나 민박에서 만난 올레꾼끼리 서로 친구가 되고 연인이 되고 부부가 되기도 한다. 자연이 좋아서 제주에 왔지만 사람을 덤으로 얻는 재미가 있어 사람들이 제주올레를 찾고 또 찾는 게 아닌가 싶다. 올레 길 주변의 식당들은 홀로 여행하는 올레꾼도 저렴하고 편안하게 식사할 수 있도록 올레꾼 전용 메뉴를 개발하고, 음료와 차

올레 길 1코스

를 무료로 대접하기도 한다. 서귀포 매일 올레시장은 지역 주민 위주로 영업하던 기존 방식을 바꿔 여행자들이 시장을 찾을 수 있는 메뉴들을 추가하고 있다. 예컨대 여행자들이 시장에 와서 맛볼 수 있는 토속 음식이나 전통 간식 메뉴를 추가한다거나 택배 시스템을 완벽하게 갖춰 짐 부담을 갖고 있는 도보 여행자들도 쉽게 쇼핑할 수 있도록 배려하는 식이다. 무거운 짐을 들고 걷는 부담을 줄여 주기 위해 '올레 길 옮김이' 서비스도 등장했다. 숙소에서 숙소로 짐을 배달해 주는 유료 시스템인데, 이 서비스 덕분에 도보 여행자들은 짐 걱정 없이 길에서 많은 시간을 보낼 수 있게 되었다.

제주올레는 누구나 자유롭게 무료로 즐길 수 있는 길이다. 그러나 이 길을 유지하고 관리하려면 사람과 돈이 필요하다. (사)제주올레는 길에서 입장료를 받는 대신에 길을 걷는 사람들이 내는 후원

간세인형

금과 기념품 판매 대금으로 운영비를 마련한다. (사)제주올레는 제주올레의 사인물이자 로고 마크인 간세(제주 조랑말을 모티브로 만든 상징물이자, 게으름뱅이라는 제주말에서 따온 이름)를 인형으로 제작해 기념품으로 판매하고 있다. 간세인형은 '제주올레 기념품이라면 친환경적이고 지역민들의 일자리를 창출할 수 있어야 하지 않을까'라는 고민에서 태어났다. (사)제주올레는 지역 주민들로 구성된 간세인형공방조합을 설립해 제주도에서 버려지는 헌 옷이나 이불 등의 천을 재활용해 간세인형을 만들고 있다. 이 인형을 통해 버려지는 헌 천을 재활용할 수 있었고, 지역민들은 간세인형 만들기로 일자리를 찾게 되었다. (사)제주올레는 '간세인형공방조합'이 독립할 수 있을 만큼 수익 모델을 명확히 하고, 스스로 꾸려 갈 수 있는 '사람'(인적 자원)을 키우는 대로 독립시켜 사회적 기업을 설립할 계획을 갖고 있다. 제주올레라는 플랫폼을 기반으로 한 다양한 모델의 사회적 기업을 양성해 지역의 고용을 창출하고, 여기서 얻은 수익의 일부를 다시 제주올레를 가꾸고 지켜 가는 데 활용하겠다는 계획이다. 간세인형공방조합은 그 실험의 첫 주자다.

이밖에도 (사)제주올레는 올레 길로 인한 혜택이 더 많은 지역 주민들에게 돌아갈 수 있는 방법을 끊임없이 모색하고 있다. '1사 1올레 마을 맺기' 사업을 시작한 것도 그런 의도에서였다. 올레꾼을 대상으로 장사하는 주민뿐 아니라 모든 주민들이 올레 길의 혜택을 볼 수 있도록 하기 위해 올레 길이 통과하는 마을과 기업을 연결해 주고 있는 것이다. 현재 13개 기업과 마을이 결연을 맺고 서로 돕는 사업을 벌이고 있다. 예컨대 11코스 종점인 무릉2리와 결연을 맺은 공기청정기 회사 벤타코리아는 '무릉 외갓집'이라는 무릉2리 마을 브랜드를 만들어 주고, 마을에서 생산되는 농수산물을 전국으로 판매하는 연간 회원제 온라인 유통망(www.murungdowon.net)을 구축해 주었다. 2009년 12월에 오픈한 '무릉 외갓집'은 무릉리 주민들이 생산한 농수산물을 전국으로 판매해 무릉 주민들이 판로 걱정 없이 농사에만 전념할 수 있도록 돕고 있다. '무릉 외갓집'은 판매 시작 1년여 만에 손익분기점을 넘어서는 성과를 올렸다. '무릉 외갓집' 브랜드가 성공적으로 안착할 경우, 올레 길 마을에서 생산되는 모든 농수산물은 유통망을 걱정하지 않은 채 판매될 가능성이 높다.

길을 걷는 이들은 걸으면서 쓰레기를 줍는 클린올레 캠페인에 동참하고, 올레꾼 에티켓을 실천하면서 이 길이 따뜻하고 건강한 문화를 간직하며 오래 유지될 수 있도록 돕고 있다. (사)제주올레는 아무리 많은 사람들이 찾아도 처음처럼 깨끗하고 아름답게 올레 길을 지키기 위해 초창기부터 '올레꾼 에티켓'을 만들어 캠페인을 실시해 왔다. 쓰레기 함부로 버리지 않기, 남의 농작물에 함부로 손대지 않기, 길가 나무나 꽃을 함부로 꺾지 않기 등을 강조해 온 것이다. 그 때문에 올레꾼이 급격하게 늘어도 올레꾼들이 쓰레기를 함부로 버린다거나 농작물을 함부로 훔쳐 가는 일은 많지 않다.

서명숙 이사장 혼자 열기 시작한 제주올레는 이처럼 선한 에너지를 가진 수많은 자원봉사자와 지역민 그리고 올레꾼 모두가 선한 마음을 갖고 동참하면서 세계적인 장거리 도보 여행길로 완성되고 있다.

임마누엘 페스트라이쉬(경희대학교 후마니타스 칼리지 교수)

1987년 미국 예일 대학교에서 중문학 학사 학위를 받았고, 1992년에 일본 동경 대학교에서 비교 문화학 석사 학위, 1997년에는 미국 하버드 대학교에서 동아시아 언어문화학 박사 학위를 취득했 다. 2007년 한국에 오기 전, 워싱턴 주미대사관에서 정무 및 공보 공사 자문관을 역임했고(2005-2007), 이런 경력을 바탕으로 한국 대사관에서 미국 국내 및 국제 정책에 관한 자문, 외교 행사 주 관, 한국 정부에 대한 현안 보고서 작성을 담당한 바 있다. 또한 워싱턴에서 일본 정부와 미국 정부 가 관련된 문화 및 사업과 관련한 다수의 합동 프로젝트를 주관하기도 했다. 현재 경희대학교 후마 니타스 칼리지 교수 겸 경희대 글로벌 융합 포럼 사무처장으로 아시아 인스티튜트 소장을 맡고 있 다. 영어 저서로는 《연암 박지원의 소설》《일본의 중국 통속소설 수용》, 한국어 저서로 《인생은 속 도가 아니라 방향이다: 하버드 박사의 한국 표류기》가 있다.

과학기술의 시작, 인문학

21세기를 넘어서면서 한국 사회에서는 경영과 기술 등의 분야에서도 인문학에 주목하는 현상이 나타났다. 이러한 흐름의 이면에는 현대 IT산업 기술의 원점에 서 있는 스티브 잡스의 영향도 있을 것이다. 애플을 세계적인 리더로 성장시킨 잡스가 아이폰 4를 발표하는 자리에서 "애플을 애플답게 하는 것은 기술과 인문학의 결합"이라고 말했다. 인간을 모르고서는 어떠한 좋은 기술도 나올 수 없다는 그의 생각은 애플 제품 하나하나에서 쉽게 찾아볼 수 있다.

그렇다면 잡스와 같은 IT회사의 리더를 매료시킨 인문학이란 과연 무엇일까? 니체는 인문학을 '인간의 삶에 대해 이해하고 그 의미를 찾아 마침내는 스스로의 삶을 성숙하고 풍요롭게 만드는 학문'으로 정의 내린다. 결국 인문학은 우리 삶과 주변 세계에 대한 탐구와 이해를 통해 인간성을 고양시키기 위한 지침이다.

인문학의 출발, 생각

여기에서 탐구하고 이해한다는 것의 가장 바탕이 되는 요소는 사고하는 기술이다. 사고는 곧 생각이다. 생각은 인간을 가장 인간답게 만든다. 인류가 남긴 생각의 역사, 생각의 발자취를 쫓아가다 보면 빠르게 변화하는 정보화 시대에서 사고의 혼란을 겪고 있는 우리들에게 뭔가 나침반이 되어 줄 만한 것을 짚어 내게 한다.

예를 들어 십자군 전쟁을 하나의 역사적 사실의 출발로 보면 그로 인해 교회의 권위가 추락하고 이것이 종교개혁으로 이어지는 것을 볼 수 있다. 하나의 역사에서 새로운 역사를 낳는 과정에는 일관성coherence이 작용한다. 어떤 역사가 오고 그것에 이어 연결된 역사가 오는 것이다. 이는 생각에서도 그대로 적용된다. 하나의 생각에서 또 다른 생각이 나온다. 쉽게 말해 칸트가 나오지 않았다면 헤겔이 나오지 않았을 것이고 공자가 없었다면 주희 역시 없었을 것이다. 또한 고대 그리스철학이 없었다면 중세 유럽의 신학도 없었을 것이다.

생각의 역사와 현실의 역사는 함께 간다. 결국 철학, 신학, 과학기술, 문학 역시 현실의 역사와 함께 시작하고 흘러가는 것이다.

이것이 바로 문명의 흐름이다. 그중에서도 과학기술은 그것을 표현하는 가장 직접적인 수단이 되어 왔다. 서양 문명에서 초기 철학자들은 주변 사물과 자연에 관심을 가졌다. 바로 자연과학이라고 불리는 분야이다. 이들이 자신의 존재에 관심을 갖게 되자 마찬가지로 중세 시대가 되면서 신학이 대두되었다. 그리고 신학의 시대가 끝나면서 내 앎이 옳은가 그른가를 논하기 시작했다. 우리는 이것을 인식론이라고 부른다. 이는 수학의 발달과 과학 문명으로 연결되었다. 이것에 결정적인 역할을 한 사람이 바로 플라톤과 아리스토텔레스이다.

우리는 어쩌면 철학, 과학 그리고 기술이 무슨 상관이 있단 말인가 하는 의문을 가질 수 있을 것이다. 그것을 이해하기 위해서는 모든 기술의 근원이 되는 철학적 사고를 이해해야 한다.

자연철학자들은 눈에 보이거나 보이지 않는 것은 중요하지 않으며 뭔가 궁극적인 것이 있을 것이라는 의문을 품었다. 이것은 플라톤으로 넘어오면서 이데아라 불리게 되었고, 이는 곧 우리 주변에 있는 모든 것을 묶을 수 있는 본질을 이야기한다.

'A is A'라는 표현이 있다고 보자. 이 말은 '홍길동은 홍길동이다'라는 말이다. 결국 A는 변함없는 것이다. 그런데 만약 A가 다른 것으로 변한다면 어떨까? A가 B가 된다면 그것은 'A becomes B'라고 할 수 있다. A가 그대로 A로 있는 것은 변화가 없으며 시간의 영향을 받지 않는다. 그런데 'A becomes B'는 변화가 있으며 시간의 영향을 받는다.

주변 사물을 한번 보자. 우리 앞에 책상이 하나 있다면 그 책상은 항상 그대로일까? 어제의 책상과 오늘의 책상이 같다고 말할 수 있을까? 당연히 어제의 책상과 오늘의 책상은 다르다. 낙서가 생기기도 하고, 균열이 발생할 수도 있다. 결국 'become'이라고 말할 수 있는 일이 일어난다는 것이다. 이렇게 뭔가로 변하는 것을 '생성becoming'이라 한다. 따라서 Becoming의 세계는 시간과 공간을 떠나서는 있을 수 없다. 그리고 이 Becoming의 세계는 감각으로 파악한다. 바로 우리의 눈으로 보고 귀로 듣는다.

그렇다면 존재는 어떨까? 플라톤은 'A is A'와 같이 변하지 않는 것, 즉 Being을 존재라고 불렀다. 그는 변화하지 않는 세계를 인식episteme의 대상이라고 불렀고, Being은 존재의 세계, 혹은 존재의 세계에 대한 앎이라고 했다. 그리고 억견doxa은 Becoming의 세계, 즉 생성의 세계를 아는 것이라고 했다.

이렇게 변화하는 세계와 변화하지 않는 세계를 두고 우리는 플라톤적 이원론Platonic Dualism이라고 말한다. 존재와 생성, 억견과 인식, 의견과 지식, 현상계와 실제계의 이원론이다. 결국 이 세계는 이데아 세계의 복사본에 지나지 않는다. 플라톤은 이데아idea, 즉 생각과 관념의 세계에 'L'을 붙여 이상 혹은 이상적이란 의미로 이상적인ideal 세계를 이야기했다.

여기에서 종교가 나오고 체계적인 수학이 등장했다. 즉 'A is A', 다시 말해 'A = A'라는 수학적 질서가 만들어진 것이다. 그리고 이러한 인식은 아주 오랜 세월 인간 역사를 지배해 왔다.

이러한 플라톤의 뒤를 이어 등장하는 인물이 아리스토텔레스다. 아리스토텔레스는 플라톤의 이데아에 대해 무의미하다는 의견을 내고 형상과 질료를 구분했다. 그가 이야기한 형상은 플라톤이 이야기한 이데아에 가까운 개념이다. 그런데 이데아는 그 자체로는 모습을 드러내지 않고 반드시 질료라는 옷을 입고 나타난다. 대리석을 이용해 신을 만든다면 그 모습은 형상이다. 아리스토텔레스는 이를 가지고 과학으로 이동해 온다. 눈으로 보고 체험할 수 있는 것들에 대한 탐구가 시작된 것이다. 인류는 이것을 바탕으로 기술을 이끌어 냈다.

그렇다면 동양에는 과학과 기술을 이끈 철학적 사유가 없었을까? 이를 단순히 일대일로 비교하기는 쉽지 않다. 하지만 가장 큰 패러다임에서 서양과 동양은 극명한 차이가 있다. 플라톤이 태어나기 전, 동양에는 노자가 등장한다. 그의 대표적인 저서《도덕경》의 첫 구절은 이렇게 시작한다.

"道可道 非常道"

이 말을 그대로 풀면 '도를 도라 하면(혹은 말하여진 도) 그것은 상도가 아니다'는 말이 된다(道-도를 可-한다면 can의 의미, 道-동사로서 도라고 말하다). 여기서 道는 그리스철학 개념으로 보자면 '로고스logos'라 할 수 있다. 일반적으로 이 로고스는 언어라는 의미로서 '말한다'라는 의미로도 읽힌다. 다시 말해 道는 단순히 길을 나타내는 의미가 아닌 우주의 법칙, 혹은 질서, 순리를 뜻하는 말이다. 또한 도는 우리가 살아온 길, 혹은 살아가야 할 길로서의 도가 된다.

非常道는 상도가 아니라는 뜻이다. 다시 말해, '말하여진 도는 상도가 아니다'라는 것이다. 여기에서 문제는 常이란 글자다. 노자가 말하는 이 常은 '항상 있다, 정상이다, 일정하다'는 의미를 갖는다. 그렇다면 常道는 무엇일까? 이 말에서 노자는 플라톤과 정반대의 생각을 갖는다. 우리는 '항상'이라는 말을 쓴다. 노자는 그 항상을 변화 속에 있는 도, 다른 말로 하면 그것은 불변이 아니며 변화의 항상성, 지속성이다. 상도는 변화의 시공 속에 있다. 여기에서 노자의 생각을 읽을 수 있는데 그는 존재라는 것을 플라톤의 이데아처럼 불변하는 것으로 보지 않고, 변화의 지속으로 생각했다. 변화의 지속duration은 만물의 이치이며 우주 전체의 질서이다. 예를 들어 우리의 몸은 꾸준히 나이가 들고 결국 흙으로 돌아간다. 플라톤은 흙으로 돌아가는 이 세상의 인간을 존재라고 보지 않은 반면 노자는 태어나고 자라고 늙고 죽는 것 자체가 하나의 지속적인 변화이며 존재라고 보았다. 그래서 노자는 그 지속을 하나의 상식으로 인정하고 받아들이고 있다. 그에게는 그것이 존재이다. 그리고 지속되는 도를 두고 노자는 자연自然이라고 말한다. 그의 이러한 생각은 문학과 예술이 성장할 수 있는 토대를 마련해 주었다. 그리고 그는 기술면에서 감성을 우선시하는 따뜻함을 내세우고 있다.

이 때문에 동양과 서양의 차이는 상호 보완적일 수밖에 없다. 상호 보완한다는 것은 곧 동양의 감성적 기술과 서양의 합리적 기술이 만나 완전함을 가질 수 있다는 것이다.

인문학적 상상력과 경영

아울러 동양과 서양에서의 전혀 다른 사고의 차이는 미래의 학문과 기술 발달에도 전혀 다른 영향을 미칠 수 있다. 서양의 합리적 사고는 물리적 기술의 발전을 가져올 수 있고 동양의 자연적 사고는 감성적 기술을 만들어 낼 수 있기 때문이다. 이러한 동양과 서양의 인문학적 전통은 현장에서도 적용되고 있다. 최근 세계경제 위기에서 그것은 더 빛을 발할 것이다. 경제 위기는 눈에 보이지도 않고, 숨어 있기에 인문학적 상상력만이 그 돌파구를 찾을 수 있기 때문이다. 그래서인지 그동안 경영과는 너무도 멀리 있다고 생각된 철학, 예술, 문화 등이 최근 들어 기업 경영의 원칙으로 자리 잡아 가고 있다. 기업이 지금 당장 이득을 줄 소비자를 대상으로 마케팅하는 데 그치지 않고 숨어 있는 잠재 고객의 마음을 헤아리며, 더 나아가 사회에 깃든 인간의 삶을 이해해야만 긴 생명력을 갖고 발전해 나갈 수 있다는 자각을 불러일으키고 있다. 이는 다양한 개인 성향과 복잡하게 얽힌 주변 환경을 통해 많은 문제들이 떠오르면서 점점 더 확산되고 있는 추세이다. 통계에 의존한 경영 기법이나 자본의 흐름, 기술만으로 운영하던 시스템에 대한 반성이 이러한 흐름을 이끌고 있다. 새로운 패러다임에 적응하기 위해 인간 존재에 대한 보다 따뜻한 시선과 인문학적 안목을 깊게 하는 학문이 요구되는 것이다. '경영공학'을 넘어 '경영 철학'이야말로 우리에게 요구되는 시대적 사명일 수밖에 없다. 실제로 세계적인 기업으로 빠르게 성장하고 있는 애플이나 페이스북, 구글 등은 이러한 방향으로 기업이 나아갈 길을 수정하고 있다.

구글의 경우 2011년 신입 사원을 채용하면서 6,000명 중 5,000명을 인문학 전공자나 인문학적 소양을 갖춘 사람들로 충원했다. 다시 말해 IT기업이라 할지라도 중요시하는 것은 기술력이 아니라 그 기술을 하나의 문화로 성장시킬 사람을 원하는 것이다. 미국 페이스북 본사에 가면 그 입구에 르네 마그리트의 그림과 함께 다음과 같은 구절이 있다. "우리는 기술 회사인가?Is this a technology company?" 페이스북이 지향하는 미래는 이 말과 르네 마그리트의 그림으로 충분히 설명된다.

페이스북의 미래 지향은 바로 창의적 사고이다. 초현실주의 작가

페이스북 본사 입구

르네 마그리트의 동력이 된 창의적 사고야말로 페이스북을 미래를 선도하는 기업으로 성장시킬 수 있다고 본 것이다. 이러한 창의적 사고의 바탕이 바로 인문학적 소양이다. 흔히 말하는 창의성은 아무것도 존재하지 않는 가운데서 마법처럼 생기는 것이 아니다. 무에서 유를 만드는 것은 신의 창조 행위밖에 없다. 창의성은 유에서 유를 만드는 것이다. 즉 기존의 것을 이용해 새로운 것, 다시 말해 그것이 물건이든 사상이든 문화든 이전에 없던 것을 만드는 것이다. 그리고 이것은 사회, 문화유산, 사상이 바탕이 된다. 이 창의성이야말로 인문학이 주는 최고의 선물이다.

다르게 생각하기

창의적인 사고에서 가장 중요한 원칙은 다르게 생각하는 것이다. 주위에서 일어나는 현상에 대해 단순히 원인과 결과만 보고 판단하기 쉬운 사람들에게 세상의 현상과 사물의 이면을 보는 눈을 기르게 하여 여러 요인의 결합으로 그 현상이 일어났음을 이해하게 한다.

자 아래의 그림을 보자.

베르너 판톤 작품

이것은 의자다. 아주 강렬한 색상과 디자인, 그리고 플라스틱이란 소재에 주목한 최초의 의자를 만든 베르너 판톤의 작품이다.

지금도 많은 유럽 디자이너들이 그의 작품을 모방하고 있다. 무엇이 그를 사람들로부터 존경받게 했을까? 바로 재료에 대한 다른 생각이었다. 그가 이 작품을 만든 시기에 플라스틱이란 재료는 예술과는 전혀 무관한, 오히려 거북한 재료였다. 하지만 그는 플라스틱이란 차가운 물질에 과감히 색을 입혀 생명을 창조했다.

만약 그가 플라스틱을 단순히 그릇을 만들거나 일상생활에 사용하는 도구를 만드는 재료로만 보았다면 이런 아름다운 의자는 탄생하지 못했을 것이다. 그는 플라스틱을 다른 시각으로 보고 그 안에 창의적인 생각을 주입한 것이다.

이처럼 창의적인 생각은 새로운 무엇인가를 창조하는 것이 아닌, 우리 주변의 것을 다르게 보고 생각함으로써 그것에 또 다른 생명을 부여하는 것이다.

이런 생각의 바탕이 바로 인문학적인 사고이자 동시에 철학적인 사고이다. 한국의 문화와 사상은 5,000년이란 긴 역사만큼이나 다양하며 이것이 곧 생각의 바탕이 될 수 있다. 그 첫 번째 유산으로 꼽는 것이 바로 유교 전통이다. 한국에서의 유교 전통은 중국과 달리 독특한 문화와 어울려 나름의 특색을 갖고 발전해 왔다. 한국에 와서 마주하게 된 유교 철학자들과 그들의 저작물은 미래 한국의 발전에서 중요한 역할을 하리라 생각된다.

특히 조선 후기 문화적으로 새로운 패러다임을 이끈 박지원의 《열하일기》는 오늘을 사는 우리에게 전하는 바가 크다. 박지원은 청 황제가 머물고 있는 열하를 찾아가서 중국이 겪고 있는 다양한 변화의 모습을 글로 담았다. 당시 중국은 다양한 문명과 접하면서 과학기술과 정신문화의 엄청난 발전과 안정을 이루고 있었다. 이 모습에 충격을 받은 박지원은 조선에 돌아와 저서 《열하일기》를 통해 국가의 발전을 위해 우리가 무엇을 해야 하는지 말하고 있다.

또 다른 인물이 있다. 박지원이 정치적인 면에서 소외된 사람이었다면 정치 체계 속에 들어가 진정한 개혁을 꿈꾼 이가 있다. 바로 다산 정약용이다. 다산은 실학이라는 새로운 흐름 속에서 한 시대의 지식인이 지향해야 할 덕목을 많은 저작을 통해 이야기했다.

연암과 다산은 유교 전통 위에서 시대를 이해하고 그 시대에 맞는 진정한 개혁을 꿈꿨다. 바로 방향을 제시한 것이다. 그들은 한 국가가 지속적인 성장을 이루기 위해 필요한 것이 올바른 방향이라는 사실을 깨달은 인물들이다.

방향을 찾기에 앞서 필요한 것은 바로 현실을 이해하는 능력이다. 오늘날의 사회는 과거와는 판이하게 다르다. 인류가 불을 발견하고 그것을 문명으로 발전시키기까지 수백만 년이 걸렸으며 인류의 문명에서 오늘날의 과학 문명까지는 수천 년이 걸렸다. 과학 문명이 지금처럼 비약적인 발전에 이르기까지는 백년의 시간도 걸리지 않았으며, 컴퓨터가 대중화되고 지금의 스마트 시대에 이르는 데는 몇 년의 세월이면 충분했다. 이처럼 시대의 흐름은 등차수열처럼 일정하게 변하는 것이 아니다. 등비수열처럼 기하급수적으로 변한다. 우리는 백 년 전의 모습이나 천 년 전의 모습에서 큰 차이를 느낄 수 없지만 10년 전의 모습과 오늘날의 모습에서는 큰 차이를 느낄 수 있다. 그 때문에 우리에게 필요한 것은 속도가 아닌 방향인 것이다. 그 방향은 바로 인문학에서 제시할 것이다.

이상헌(동국대학교 교양교육원 교수)

동국대학교 교양교육원 강의 전담 교수로 재직하고 있으며, 지식융합연구소 수석연구원으로 활동하고 있다. 가톨릭대학교 교양교육원 강의 전담 교수를 역임하였으며, 서강대학교 인문과학연구원과 철학연구소, 생명문화연구소 등에서 상임연구원을 지냈다. 서강대학교 대학원에서 칸트철학에 대한 연구로 박사 학위를 받았다. 주요 논문으로는 〈인간 뇌의 신경과학적 향상은 윤리적으로 잘못인가?〉〈합성생물학의 윤리적 쟁점들〉〈프랜시스 베이컨의 자연의 수사학〉〈칸트 도덕철학의 관점에서 바라본 포스트휴먼〉 등이 있으며, 《과학이 세계관을 바꾼다》《현대과학의 쟁점》《생명의 위기》《대학생을 위한 과학 글쓰기》《기술의 대융합》 등의 공저에 참여했다. 또한 《임마누엘 칸트》《우리는 20세기에서 무엇을 배울 수 있는가》《악령이 출몰하는 세상》《생명이란 무엇인가 그 후 50년》(공역) 《서양철학사》(공역) 《탄생에서 죽음까지》(공역) 등을 번역했다.

따뜻한 기술을 위한 철학적 토대

산업혁명 이후 기술 발달은 물질적 측면에서 인류의 도약을 가져왔다. 오늘날 인류는 전례 없는 풍요를 누리고 있으며, 부유한 나라 국민의 평균 수명이 80세에 이르고 머지않은 미래에 평균 수명 100세 시대에 도달할 것을 꿈꾸고 있다. 40여 년 전에 인류가 달에 첫 발자국을 남겼고, 최근에는 미국항공우주국NASA 등이 별과 은하의 생성과 소멸, 생명체의 존재가 가능한 행성에 관한 뉴스를 계속해서 생산하고 있다. 21세기 기술의 시대를 이끌고 갈 나노기술, 생명공학, 정보기술, 인지신경공학(이상을 약자로 NBIC라고 부른다) 등의 신생 기술은 인류의 물질적 풍요와 번영을 한 단계 더 끌어올릴 뿐 아니라 새로운 인류(포스트휴먼)의 도래까지 약속하고 있다. 도구를 사용할 줄 아는 인간homo faber은 지상의 어떤 종도 이루지 못한 진보를 일궈 가고 있다.

하지만 기술이 우리에게 가져다준 것이 모두 좋은 것만은 아니다. 자원 개발과 산업화는 지구환경의 오염과 황폐화를 불러와 마침내 오늘에 이르러서는 환경 위기에 대한 인류의 깊은 근심을 낳았다. 막강한 기술력을 앞세운 소수 국가들이 자연의 혜택과 전 지구적 부를 독점함으로써 남북문제는 더욱 깊어져 가고 있다. 지구의 한편에서는 비만을 걱정하고 다이어트가 이데올로기화되었지만 다른 편에서는 기아에서 벗어날 길을 찾지 못해 굶주리는 사람들이 넘쳐난다. 부유한 이들은 기술의 혜택 속에서 풍요와 안락을 누리지만 가난한 이들은 기술로부터 소외된다. 모두에게 공유되는 특성을 가진 기술의 해악은 가난한 이들에게 유난히 혹독하다. 기술로부터 촉발되는 빈부 격차 문제는 최근 기술 윤리의 주요 쟁점 가운데 하나가 되었다. 왜 이렇게 되었을까? 이 문제들에 대한 해결책은 없는 것일까? 이런 물음에 직면하며, 우리는 '따뜻한 기술'에 주목할 이유를 발견한다.

망각된 에피메테우스, 그리고 헤르메스의 선물

현대사회는 기술의 가치중립성을 암묵적으로 가정하고, 기술을 통해 무엇이든 이룰 수 있다는 꿈에 부풀어 있다. 오늘날 일반 대중은 기술을 통해 욕망을 충족시키고 행복을 얻을 수 있다고 믿고 있으며, 기업들은 기술의 상업화로 막대한 이득을 챙기는 데 혈안이 되어 있다. 하지만 우리가 기술을 통해 욕망을 추구하는 동안 기술은 맹목적으로 우리 자신과 우리의 삶을 변화시키고 있으며,

인간에게 불과 기술을 선물로 가져다주고 그 벌로 제우스로부터 매일 독수리에게 간을 쪼아 먹히는 형벌을 받은 프로메테우스. 페테르 파울 루벤스Peter Paul Rubens(1577~1640)의 〈프로메테우스〉(캔버스에 유채, 714×82센티미터)

기업들이 기술을 상업화하여 막대한 이득을 챙기는 동안 환경 위기는 망각되고 국가 간, 개인 간 삶의 격차는 끝없이 커지고 있다. 그뿐인가. 기술에 대한 의존성이 커질수록 우리 삶의 주체적 자각은 옛사람의 이야기가 되어 가고, 인간 삶의 지반은 취약해져 간다. 그래서 20세기 초반부터 이미 서구의 몇몇 철학자들은 기술에 대한 철학적, 윤리적 반성의 필요성을 역설해 왔다.

기술과 기술의 본성에 대한 반성은 우리가 기술과 지금 어떻게 관계하고 있으며, 발전적 관계가 무엇인지 인식하는 계기가 될 것이다. 또한 기술을 매개로 하여 전개되는 인류의 문제들에 대한 해결의 단서를 시사해 준다. 지금까지 우리는 기술로부터 철학적, 윤리적 반성을 해방시켜 왔다. 이런 반성의 의무는 기술이 아니라 그것의 사용으로 인한 결과에 대해서만, 또 그렇게 사용한 인간에게만 부과되었다.

그리스신화에서 보면, 인간에게 기술을 사용할 능력, 즉 기술성을 선사한 것은 프로메테우스Prometheus였다. 프로메테우스는 그의 동생 에피메테우스Epimetheus가 신들이 창조한 온갖 동물들에게 준비된 모든 재주를 나누어 주어 인간에게 줄 것이 없자 신의 것인 불과 기술성techne을 훔쳐 인간에게 주었다. 플라톤에 의하면 프로메테우스의 선물은 "많은 사람들에게 한 명의 숙련된 의사면 충분하다는 원리에 따라" 분배되었다. 다시 말해, 모든 사람에게 동등하게 솜씨(기술성)가 주어지지 않고 소수의 사람에게 특정한 솜씨가 주어져 모든 사람을 도울 수 있는 방식으로 인류에게 솜씨가 선사된 것이다. 프로메테우스가 목숨을 걸고 인간에게 준 선물은 인간 모두에게 준 것이며, 그 솜씨를 가진 사람에게만 독점적 권리를 준 것이 아니라 인간 사이에서 공유하도록 한 것이다. 그러므로 적어도 신화적 관점에서 보면 기술은 인간들 사이에서 공유되어야 하는 것이다.

휴 실버만Hugh J. Silverman 뉴욕 주립대 교수는 베르나르 스티글러Bernard Stiegler의 《기술과 시간La technique et le temps》을 해석하며

기술과 책임의 관계를 규명한 글에서 프로메테우스는 인간에게 기술성을 선물하는데 급급하여 인간이 그것을 어떻게 이용할지 생각하지 않았다고 설명한다. 그에 따르면 기술성은 선하지도 악하지도 않으며, 선과 악 어떤 것의 기원도 아니지만 인간은 그것을 선의 무기 혹은 악의 무기로 바꾸었다. 이것은 프로메테우스가 미처 생각하지 못한 것이었다. 프로메테우스는 인간이 기술성을 공유함으로써 삶을 꾸려 나가는 힘을 얻을 것으로 기대했지만 인간은 역시 인간(후사유의 존재)이라는 사실을 망각하였다. 이 점을 분명하게 인식한 것은 제우스였다.

실버만에 따르면, 프로메테우스는 인간에게 또 하나의 선물을 선사했다. 바로 희망이다. 하지만 그 희망은 맹목적이었다. 그래서 "인간은 꼭 생각하지 않고도 무언가를 고안하고 창조할 수 있었다."고 실버만은 말한다. 프로메테우스의 선물, 즉 불(동력)과 기술성(솜씨) 덕분에 인간은 무엇이든 만들 수 있다. 하지만 인간은 그것이 어떤 결과를 가져오는지에 대해 알지 못한다. 인간은 솜씨를 발휘함에 있어서 무모하게 낙관적이다. 아니, 정확하게 말하면 맹목적이다. 기술이 모든 것을 결과적으로 좋은 것으로 이끌 것이라는 기대와 희망에 사로잡혀 있다. 그래서 일시적인 나쁜 결과에도 동요하지 않는다. 결국은 모든 것이 잘될 것이라고 믿기 때문이다. 하지만 이러한 기대는 근거 없으며 희망은 헛되다. 스티글러는 이것을 에피메테우스에 대한 망각이라고 했다. 우리는 기술성을 상징하는 프로메테우스만을 기억하고 인간 창조의 자리에 그와 함께 했던, 인간적 사유의 상징인 에피메테우스를 언제나 망각해 왔다. 인간에게 줄 것을 남기지 않고 동물들에게 모두 주어 버린 에피메테우스처럼 뒤늦게 사유하고 반성하는 것이 인간의 본성인지도 모르겠다. 하지만 기술의 위력이 커질수록 에피메테우스를 먼저 상기할 필요성은 커진다.

플라톤의 《프로타고라스Protagoras》편에서 보면, 현명한 제우스가 프로메테우스의 불법적 선물로 인해 인간이 총체적 파멸의 위험에 직면했음을 인식하고 헤르메스를 인간에게 보낸다. 헤르메스는 타자에 대한 존경심aido과 정의감dike이라는 제우스의 선물을 인간에게 전한다. 이 두 선물은 기술성과는 다른 방식으로 인간에게 주어진다. 이것은 단지 몇 사람만이 소유하여 모두를 이롭게 하는 방식이 아니라 모두에게 똑같이, 모두가 각자의 몫을 갖는 방식으로 분배되었다. 다시 말하면, 기술과 더불어 타자에 대한 존경심과 정의감이 인간에게 동시에 주어진 셈이다. 타자에 대한 존경과 정의감과 분리되어 기술이 주어졌지만, 기술은 타자에 대한 존경과 정의감과 분리되어서는 안 된다. 이것이 제우스의 통찰이었다. 이러한 신화적 이야기를 '따뜻한 기술'에 대한 신화적 근거라고 부를 수 있을 것이다.

따뜻한 기술은 '환대'하는 기술

기술에 대한 반성적 사고로부터 우리가 얻을 수 있는 결론은 기술이 철학과 윤리로부터 버림받아 독하게 생명력을 키워 가게 하면 안 된다는 것이다. 기술을 존경, 겸손, 정의감, 사랑과 같은 인간적정서와 미덕의 따뜻한 품으로 끌어안는 것이 중요하다. 인간성의 품에 안긴 기술에게 맨 처음 말을 거는 것은 아마 책임일 것이다. 책임은 기술에게 요구한다. 기술로 인해 영향받는 존재들을 고려하고 기술로 말미암아 벌어질 일들을 전체 맥락 속에서 이해하라고 말이다.

임마누엘 칸트 동상

기술의 영향을 받는 존재는 크게 인간과 자연이다. 기술은 인간 삶의 한 토대를 형성하고 있으며, 새로운 기술은 새로운 삶의 양식을 불러온다. 기술은 직접적으로 혹은 간접적으로 사람들에게 영향을 미치며, 긍정적 혹은 부정적인 영향을 준다. 따뜻한 기술은 인간을 고려하는 기술이다. 기술이 인간에게 유용한 것이라면 그것은 우리 모두에게 유용한 것이어야 한다. 기술이 인간에게 해를 입힐 수 있다면 그 해로부터 우리 모두를 보호할 수 있는 길이 모색되어야 한다. 그러므로 따뜻한 기술은 기술이 인간에게, 특히 타인에게 미치는 영향을 고려하고, 인간에 대한 긍정적 영향을 기대할 수 있는 기술이다.

독일의 철학자 칸트Immanuel Kant는 인간을 이성적 존재, 즉 도덕적 존재로 이해했다. 그의 유명한 정언명법은 자신을 비롯해 모든 인간을 "언제나 동시에 목적으로 대우해야 하며 결코 단지 수단으로만 대우해서는 안 된다."고 말한다. 우리는 타인을 나와 똑

타인에 대한 책임을 강조한 에마뉘엘 레비나스

같은 존재로 이해해야 하며, 그 인격에 있어서는 나와 동등하게 대우해야 한다. 칸트는 이성적 존재로서 인간은 자신의 완전성을 추구해야 할 의무가 있다고 말하고, 타인도 나와 마찬가지로 인간성 humanity을 지니고 있는 존재이므로 타인의 인간성의 완성을 위해 노력해야 할 의무가 있다고 말한다. 나의 행복만이 아니라 타인의 행복 역시 나에게 중요하다는 것이다. 물론 타인의 인간성 완성과 행복은 내게 완전히 주어진 의무는 아니다. 하지만 타인에 대한 이런 불완전한 의무는 다른 의무와 충돌하지 않는 한에서 준수되어야 한다. 더욱이 타인에게 해를 입히는 기술은 추구되어서는 안 된다. 칸트의 윤리학적 관점에서 보면, 오로지 나의 이익만을 고려하지 않고 기술을 통해 타인의 행복을 동시에 추구할 수 있을 때, 우리는 타인에 대한 의무를 다하는 것이라고 할 수 있다. 칸트의 이런 사고는 따뜻한 기술의 소극적 근거가 될 수 있을 것이다.

좀 더 적극적으로 타자에 대한 책임을 강조한 현대 철학자가 있다. 바로 에마뉘엘 레비나스Emmanuel Levinas이다. 레비나스는 서양 근대 철학이 자아를 인식과 윤리의 토대로 삼았던 데에 반대하여 타자의 철학을 주장하였다. 데카르트의 자아는 모든 인식의 출발점이며, 이 세상의 모든 것을 제거하고도 유일하게 남을 그런 것이었다. 칸트의 자유로운 자아는 도덕성이 존립하는 자아였다. 하지만 레비나스의 자아는 타인 없이는 성립하지 않는다. 주체는 원래 있는 것이 아니라 타인과의 윤리적 관계를 통해 비로소 주체로서 세워진다. 주체는 자기 자신을 향해 있는 것이 아니라 처음부터 타인을 향해 있다고 레비나스는 주장한다.

레비나스가 보기에 책임은 어떤 특정한 행위에 뒤따르는 것이 아니라 언제나 우리와 함께 있다. 책임성이 '주체성의 바탕을 이루는 제1구조'이기 때문이다. 레비나스가 말하는 책임성은 물론 타인에 대한 책임성이다. 얼핏 보면 이것은 나와 상관없는 존재에 대한 책임인 것처럼 느껴지지만, 자세히 보면 나와 관계있는 존재에 대한 책임이다. 길거리에서 낯선 이가 나에게 길을 물어 올 때, 나는 책임을 느낀다. 그는 나와 전혀 이해관계가 없는 존재이지만, 그가 무언가를 물어 오는 순간 나는 그에게 책임을 느낀다. 레비나스는 인간 사이의 관계는 이런 것이라고 보고, 책임성을 타인과의 관계의 핵심으로 이해한다. 타인에 대해 책임지는 것을 레비나스는 환대hospitality라는 개념으로 표현한다. 환대는 타인을 나의 손님으로 대접하거나 선행을 베푸는 것이다. 환대는 타인 앞에 자신을 수동적인 주체로 만드는 행위, 타인의 부름에 적극적으로 응답하는 행위이다. 환대는 어떠한 반대급부도 바라지 않고 순수한 마음으로, 타인의 고통을 직시하며 자신의 것을 내어 주는 것을 의미한다. 레비나스의 타자의 철학은 따뜻한 기술의 철학적(형이상학적) 근거가 될 수 있을 것이다.

이런 맥락에서 전 세계 빈곤 지역에서 오염된 식수로 인해 매일 수천 명씩 사망하는 상황을 타개하기 위해 고안된 '생명의 빨대'와 같은 적정기술은 타자의 고통을 외면하지 않고 직시하는 따뜻한 기술의 한 사례라고 판단된다.

따뜻한 기술은 책임 있는 기술이다

기술로부터 영향을 받는 또 다른 존재는 자연이다. 한스 요나스 Hans Jonas는 현대 과학기술의 막강한 위력에 주목하여 기술과 책임 개념을 묶어 놓는다. 책임은 현대의 과학기술이 갖는 새로운 특성이다. 오늘날 기술은 시간적, 공간적으로 강력한 힘을 행사한다. 기술의 영향은 먼 미래 세대까지 지속되며, 현대의 기술과 제품은 전 세계 모든 곳에 퍼져 있다. 오늘날 기술이 가진 힘은 전대미문의 것이다. 지금 이곳에서 우리가 고안한 기술이 그것에 대해 알지도 못하고 아무 말도 하지 않는, 세계 곳곳의 수많은 사람들과 미래 세대에게 커다란 영향을 미친다. 이것이 오늘날 과학기술에서 책임 개념을 분리할 수 없는 이유이다.

요나스에 따르면, 기술에 결부된 책임은 단지 인간만을 향해 있

짐바브웨 수도 하라레에 건설된 이스트게이트센터. 흰개미 둔덕에서 얻은 영감에 따라 설계되었으며, 무더운 아프리카 날씨에 냉난방 장치 없이도 쾌적한 환경을 유지할 수 있다.

지 않다. 인간 이외의 것들, 자연에 대해서도 우리는 선the good을 추구하고 책임을 져야 한다. 타인에 대한 책임만으로는 훌륭한 삶 good life을 만들 수 없고, 우리를 둘러싸고 있는 모든 것, 인간 삶의 지반이 되는 것 전체에 대해 책임질 때, 우리 삶은 훌륭할 수 있다. 자연을 보존하고 지속시키는 것은 우리의 의무이다. 왜냐하면 자연은 인류의 유일한 터전이기 때문이다. 또한 자연이 우리들 각자의 것이 아니며 그것을 바탕으로 우리 인간의 삶이 가능하기 때문이다. 자연은 우리 세대의 것도 그 이전 세대의 것도 아니며 모든 세대의 인간의 것이기에 자연을 보존하는 것은 미래 세대에 대한 우리의 의무이다. 이런 맥락에서 자연의 고통을 덜어 주는 기술, 더 나아가 자연에 고통을 주지 않는 기술은 따뜻한 기술이다. 요나스의 철학은 따뜻한 기술의 윤리적 근거가 될 수 있을 것이다.

청색 경제blue economy의 이론가인 군터 파울리Gunter Pauli가 《블루이코노미The Blue Economy》에서 밝힌 '자연의 100가지 혁신 기술'은 위와 같은 의미에서 따뜻한 기술의 대표적 사례일 것이다. 이 혁신적 기술들은 인간만이 아니라 자연을 동시에 고려함으로써 인류의 유일한 삶의 터전인 지구환경을 보존하면서 인간 사회의 지속적 발전을 도모할 수 있게 해 줄 것으로 기대된다. 지식융합 연구소 이인식 소장은 《자연은 위대한 스승이다》라는 책에서 이런 기술들을 소개하며 '청색 기술blue technology'이라고 명명했다. 이 소장은 "녹색 기술은 환경오염이 발생한 뒤의 사후 처리적 대응의 측면이 강한 반면에 자연 중심 기술(청색 기술)은 환경오염의 발생을 사전에 원천적으로 억제하려는 기술"이라고 설명한다. 청색 기술이 따뜻한 기술인 이유가 여기에 있다. 인간 중심적 사고의 틀에서 벗어나 자연과 인간의 공존과 공생을 기획하는 청색 기술이야말로 진정으로 따뜻한 기술이다.

마무리

오늘날 인류는 여러 면에서 전환점에 서 있다. 어느 방향으로 갈 수 있을지는 역사적 전환점에서 우리에게 던져진 물음에 우리가 어떻게 답하느냐에 달려 있다. 인류는 환경 위기를 극복하고 발전을 지속시킬 수 있을 것인가? 화석연료의 고갈에 때맞춰 새로운 에너지원을 확보할 수 있을 것인가? 절대 빈곤 상태에 있는 10억이 넘는 인류를 구제할 수 있을 것인가? 질병의 고통으로부터 인류를 해방시킬 수 있을 것인가? 신생 기술이 가져올지 모르는 위험으로 부터 인류를 보호할 수 있을 것인가? 이런 물음은 모두 기술과 관련되어 있다. 따뜻한 기술에 대한 논의는 이런 물음에 답하려는 하나의 시도이다.

기술에 대한 맹목적 믿음과 기술을 가치 영역 밖에 독립시키는 기존의 사고방식은 위기를 불러올 것이다. 기술에 대한 합리적 숙고와 함께 가치적 관점에서의 새로운 이해가 필요하다고 본다. 이런 맥락에서 나는 따뜻한 기술에 주목한다. 내가 이해하는 따뜻한 기술은 타인과 자연에 따뜻한 기술이다. 그리스신화, 레비나스의 타자의 철학, 요나스의 책임의 윤리 등이 이런 의미를 지닌 따뜻한 기술에 대해 이론적 근거를 제공해 줄 수 있을 것으로 생각된다.

참고문헌 ────────────────

■ 《타인의 얼굴 : 레비나스의 철학》, 강영안, 문학과지성사, 2005.
■ 《기술철학》, 돈 아이디, 김성동 역, 철학과현실사, 1998.
■ 《차이와 타자》, 서동욱, 문학과지성사, 2000.
■ 《시간과 타자》, 에마뉘엘 레비나스, 강영안 역, 문예출판사, 1996.
■ 《윤리와 무한》, 에마뉘엘 레비나스, 양명수 역, 다산글방, 2005.
■ 《자연은 위대한 스승이다》, 이인식, 김영사, 2012.
■ 《기술 의학 윤리》, 한스 요나스, 이유택 역, 솔출판사, 2005.
■ "기술성의 아포리아와 우리 사이의 책임", 휴 실버만, 《미학·예술학 연구》 32집, 167-196쪽, 2010.
■ 《Technics and Time》, Bernard Stiegler, tr. by Richard Beardsworth, vol.1, Stanford Univ. Press, 1998.

∗ 김용선 (전 LG 인화원장)

∗ 조황희 (과학기술정책연구원 부원장)

∗ 엄경희 (한양대학교 서피스 인테리어디자인학과 교수)

∗ 이진애 (인제대학교 환경공학부 교수)

∗ 정지훈 (명지병원 IT융합연구소 소장)

2장
과학기술이 꿈꾸는 따뜻한 기술

김용선(전 LG인화원장)

서울대학교 통신공학과를 졸업한 후 체신부 기술공무원, 금성중앙연구소장, 금성통신 사장을 지냈으며 LG인화원장 및 한국 JMAC 회장을 역임했다.

어느 늙은 퇴직 기술자가 생각하는 '기술의 온도'

'따뜻한 기술'은 섭씨로 몇 도일까?

평생 '기술'을 직업으로 살아온 사람은 이런 생각을 한다.

쇠를 녹이는 용광로의 온도는 수천 도이니 뜨겁기는 해도 '따뜻하지'는 않고, 기내 온도는 섭씨 23도가 가장 쾌적하다지만 '따뜻한' 것은 아니니, '따뜻한 기술'이란 도대체 몇 도이며, 어떤 기술일까?

기내 온도를 최적온도라는 23도로 설정해 놓아도, 춥다고 담요를 달라는 승객이 있는가 하면, 덥다면서 온도를 내려 달라는 손님도 있다. 그리고 같은 사람이라도 그날 컨디션에 따라 같은 온도를 춥거나 덥게 느낄 수 있으니 '따뜻하다'는 객관적인 느낌이 아닌, 주관적인 느낌임을 알 수 있다. 그런데 사람들은 '기술'이라 하면 무언가 객관적이고 보편적이며, 무기無機적인 것으로 알고 있으므로, '기술'을 주관적이고 감성적인 '따뜻함'과 결부시키려는 시도에는 상당한 무리가 있어 보인다.

지금, 왜 '따뜻한 기술'이 화제가 되는가?

기술은 편리하고 쾌적하게 살기 위해 사람이 만든 것이며, 생활에 큰 도움을 준다. 당초에는 누구나 기술을 신기해하고 고맙게 여겼고, '더 편리하게, 더 쾌적하게, 더 저렴하게' 라는 모든 욕구를, 기술이 항상 만족시켜 주는 것으로 생각했다. 그때는 사람과 '기술'의 '밀월 시대'였다. 그러나 '기술'이 사람들의 많은 욕구를 지속적으로 충족시켜 주자 사람들은 그것을 당연시하며 나아가 기술을 '종이나 노예'처럼 부려 먹기 시작했다. 이에 더해 급격하고 광범위한 기술개발이 이루어지자 도구인 줄 알았던 기술이 사람의 능력을 초월하게 되었으며, 특히 유전자, 환경, 원자력 등 많은 분야에서 주인인 사람이 스스로가 만들어 낸 기술을 제어하지 못하자 사람들은 당황하여 어찌할 바를 몰랐다. 말하자면 노예가 반란을 일으킨 것이다.

또 다른 문제는 '기술'이 사람들의 일자리를 빼앗아 버린 것이다. 이러한 현상은 19세기 말에서 20세기 초, 기계가 육체노동을 대치하면서 일어나 도처에서 노동자에 의한 기계 배척, 심지어 공장 기계 파괴 운동까지 일어났다. 어떻게 그 사태가 수습되어 세계경제가 계속 발전할 수 있었는지에 관해서는 여기서 논하지 않겠으나, 최근에 와서 컴퓨터·통신 기술의 놀라운 발전으로 기계가 두뇌 노동까지 대신하게 되자 다시 실업 문제가 대두되었다.

도구이며 노예로 여겼던 '기술'이 이렇게 사람의 통제를 벗어나, 심지어 직업을 빼앗아 가는 적대적인 존재로 변하자, 이에 놀란 사람들이 '기술'에게 '따뜻함'을 요구하게 된 것이다.

'기술'이란 무엇인가?

기술이란 말을 모르는 사람은 없으나 '기술'이 무엇인지 제대로 설명할 수 있는 사람은 그리 많지 않다. 우리 사회에서 '기술'이라는 말을 어떻게 사용하고 있는지 필자가 겪은 예를 들어 보겠다.

1) 저 사람은 운전 기술이 좋다.

이 경우는 '기술'이 아니라 '기능技能'이다. 기술과 기능의 차이는 다음에 설명하겠다.

2) 일제 때 만든 다리는 기술이 좋아서 지금까지 부서지지 않고 있다.

이 경우는 '기술'이 아니라 불성실한 시공이 사고의 원인인 것이다.

3) 어떤 회사가 자체 개발, 출시한 제품이 성능 불량으로 90퍼센트 이상 반품되고 말았으나 반품되지 않은 제품 중 몇 개가 10년 이상 아무 문제 없이, 일본제보다 더 잘 작동하는 것을 보면 우리 기술이 일본보다 우수하다.

이 경우는 '품질관리'의 개념을 모르는 것이다.

4) 기술을 사 온다, 기술을 훔쳐 온다.

'기술'은 물건이 아니기 때문에 사 오거나 훔쳐 올 수 없는 것이다. 기술은 물건이나 지식이 아니라 사회·문화와 깊이 관련된 문화적 상품이다.

5) 그 박사, 비싼 돈 주고 미국서 데려왔는데, 영 기술이 없나 봐, 암만 기다려도 신제품이 안 나오니, 어디 가서 좀 더 잘하는 사람 찾아와!

이 경우는 '기술'을 시스템이 아니라 개인의 '마술'로 알고 있는 것이다.

위에서 보는 바와 같이 우리가 일상생활에서 쓰는 '기술'이라는 말은 그 뜻이 너무나 막연하다는 것을 알 수 있다. 사람들이 갖고 있는 '기술'의 개념이 이렇게 분명치 않다면, '따뜻한 기술'이 어떤 것인지 규정하기란 거의 불가능하다.

기능·과학·기술의 상호 관계

새가 둥지를 짓고, 맹수가 먹이를 사냥하는 것을 보면, '기능'은 사람만이 아니라 동물도 가지고 있다는 것을 알 수 있다. 기능은 태고에 인류가 태어날 때부터 본능의 일부로 가지고 있는 것이다.

기능 습득에는 체계적인 교육 방법, 즉 교본·교과서가 없다. 선배가, 어미가 하는 것을 보고 스스로 터득해야 하므로 오랜 시간이 걸리며, 사람에 따라 기능 수준에 큰 차이가 있다. 그리고 어떤 개인이 우수한 기능을 가졌다 해도 이를 후세에 전달할 방법이 없으므로 수십, 수백 년이 지나도 기능의 내용에는 큰 발전이 없었다. 오랜 경험의 구전口傳과 처절한 시행착오의 결과로 수천 년, 수만 년 만에 획기적인 기능 발전이 이루어지며 새 시대時代가 열렸던 것이다.

시대 변화는 어떻게 일어나는가

우리는 일제시대, 군사정권 시대, 민주화 시대라고 말하며 '시대'라는 말을 즐겨 사용한다. 시대가 바뀌는 이유에 대해 사회학자는 가치관 또는 패러다임paradigm이 달라지기 때문이라고 말한다. 그렇다면 왜 가치관의 변화가 일어나는 것일까? 그 까닭은 경제의 변화 때문이라는 것이 경제학자의 설명이다.

경제의 변화는 기능·기술의 변화와 발전으로 일어난다. 앞서 예를 든 일제 강점, 군사정권, 민주화 등의 '시대'는 길어야 백년 안팎의 작은 변화에 지나지 않지만, 긴 인류 역사의 시대구분을 보면, 구석기, 신석기, 청동기, 철기 등 인류가 경제생활에 사용한 도구의 재료 이름으로 되어 있다. 즉, 그러한 새로운 재료를 다루는 기능·기술의 변화가 '시대의 변화'를 일으킨 것이다.

'과학'은 학문이며 체계적 이론이다. 당초에 '과학'은 실용적인 쓸모가 없어서 상아탑 속에 사는 사람들의 취미 정도로 인식되었다. 달력을 만들고, 일·월식을 예언하며, 항해술에 응용된 천문학은 예외였다. 그러나 과학은 체계적인 구조를 가지고 있으므로, 기능과 달리 후세에 전달·축적할 수 있어서 시간의 흐름에 따라 발전을 계속해 왔다.

기술은 논리적이고 체계적인 과학과 경험·시행착오를 통해서만 터득할 수 있는 기능이 합쳐져 생긴 것이다. 그 결과 비체계적이던 '기능'의 내용이 과학적으로 분석·계수화되어, 그대로 따라하면 긴 시간의 훈련과 시행착오 없이도 옛날 장인·기능공 수준의 성과를 낼 수 있게 되었다. 이것이 바로 기술이다. 예전에는 자동차 운전을 배우려면 선배 운전사 옆 좌석에 앉아 온갖 심부름을 하면서 운전사의 동작을 관찰하여 그 흉내를 내야 했는데, 지금은 핸들을 우측으로 몇 도 돌려서 몇 미터 앞으로 가고 후진 기어를 넣고 핸들을 좌로 몇 도 돌려 몇 미터 후진하면 'T'자 정차를 할 수 있다는 교본이 있다. 이런 교본을 만들고 실행하는 것이 바로 '기술'이다.

이런 교본을 선진국에서 돈 주고 사 오는 것을 우리는 "기술을 사 온다."고 하는데, 실제 현실에서 보면 교본만으로는 '기술'이 정착될 수 없다는 것을 깨닫게 된다. 까다로운 일을 싫어하고 '적당히', '대강대강' 하는 사회 문화·민족성 아래에서는 비싼 돈 주고 사 온 교본도 무용지물이다.

정확하고 성실한 사회 문화, 민족성이 전제되지 않으면, '기술'은 그 힘을 발휘하지 못한다. 다시 말해서 '기술'은 무기물 아닌 지극히 문화적인 것이다.

'따뜻한 기술'을 바란다면

"가는 말이 고와야 오는 말이 곱다."는 말이 있다. 상대가 나에게 따뜻하게 대해 주기를 바란다면, 먼저 내가 상대에게 따뜻한 마음을 가져야 한다. 그런데 기술을 대하는 사람들의 태도는 어떤가? 기술이 어떤 것인지 한 번이라도 생각해 본 적이 있는가? 기술에 애정을 가져 본 적이 있는가?

예전에 우리는 노예, 노비를 일하는 '도구'로 생각했고, 애정으로 대하지 않았던 것이 사실이다. 그런 상황에서 노예, 노비들이 주인인 사람들에게 따뜻하게 대했을까? 기술을 도구라고 생각한다면 '따뜻한 기술'은 아예 바라지 말아야 할 것이다.

한국에서도 공업화 초기에는 '기술'을 신기해했고, 기술의 혜택으로 우리가 잘 살게 되는 과정에서는 '기술'과 '기술자'에 대한 사회적 인식도 호의적이었다. 그러나 이제 '잘 사는 것이 보통'이 되자, 기술에 대한 호감도 사라지고 기술에 종사하는 기술자라는 직업도 매력을 잃고 말았다.

이웃 나라 일본 사람들은 얼마 전까지도 공장에서 쓰는 로봇(자동기계)에 어린이 이름을 붙여 부르면서 스스로가 기계나 기술을 어린아이 사랑하듯 한다고 자랑했다. 말하자면 그런 것이 '따뜻한 기술'이라고 자랑했던 것이다.

그런데 지난번 일본 후쿠시마 원자력발전소 사고가 났을 때 보니, 일본의 거의 모든 언론이 정부와 전력 회사의 책임 추궁에만 바빠, 언제 폭발할지 모르는 발전소를 마지막까지 목숨 걸고 지키던 기술자들에 대해서는 전혀 무관심했다. 영국 신문이 처음으로 "50인의 영웅Fifty Heroes"이라고 그들의 희생정신을 찬양했으며, 일본 언론은 그 뒤를 따랐을 뿐이었다.

필자의 세대는 어려서 밥을 남기거나 밥풀을 흘리면, 그 쌀을 만든 사람들의 노고를 생각하라고 꾸중을 들었다. 지금 우리는 기술의 혜택을 당연한 '권리'로 여기고, 보이지 않는 곳에서 말없이 일하는 사람들의 노고에는 전혀 관심이 없다.

앞에 설명한 바와 같이 기술은 무기물이 아니고, 우리의 감성과 깊이 연관된 문화적 산물이다. 따라서 '따뜻한 기술'도 우리의 '문화력'으로 만들어야 하는 것이다.

이제 우리는 새로운 '따뜻한 기술'을 생각하면서, 그 '기술'이 가져다 줄 새로운 패러다임, 즉 새로운 시대에 대비해야 할 것이다.

조황희(과학기술정책연구원 부원장)

전남대학교 화학공업경영학과를 졸업하고 한국과학기술원에서 석·박사 학위를 취득했다. 이후 천문우주과학연구소 연구원, 과학기술부 장관 자문관, 성균관대학교 기술경영학과 겸임 교수를 지냈으며 현재 과학기술정책연구원 연구위원, 경기도 과학기술위원회 전문위원, 우주개발진흥실무위원회 위원, 통신위성우주산업연구회 부회장을 맡고 있다. 최근에는 삶의 질과 과학기술 연계, 인공위성 활용 촉진에 관한 연구를 수행하고 있다.

정보통신기술, 삶과 소통하다

정보통신기술은 사회적 약자를 보조하고 공공시설을 안전하게 유지시켜 주어 인간의 사회생활에 따뜻함을 제공하고 있지만, 과잉 사용으로 인한 게임 중독이나, 주행 중 디엠비를 시청하는 운전자와 보행하면서 MP3 등 스마트 기기를 작동하는 보행자의 교통사고 증가와 같은 부정적인 측면도 존재한다. 하지만 정보통신기술을 적절하게 사용하면 우리의 일상생활은 보다 따뜻해질 것이다. 정보통신기술이 인간의 삶에 따뜻함을 줄 수 있는 분야는 인간이 볼 수 없는 것을 보게 해 주는 가시화visualization 분야와 사회 혹은 개인 간의 소통communication 분야이다. 특히 가시화는 공공 분야에서 지능화intelligent 혹은 스마트화와 연계하여 자율적 보정 기능이나 신속한 복구를 가능하게 해 우리의 삶을 보다 안전하게 만들어 준다.

먼저 가시화는 인간이 볼 수 없는 영역을 가능한 보이는 영역으로 만들어 개인의 건강과 안전을 모니터링하도록 해 주고 시내버스나 전철의 운행 정보를 알려줌으로써 시간 안배를 돕고 대책 없는 기다림의 지루함을 줄여 준다. 특히 전기에너지의 절약이 중요해지면서 에너지 총량의 효과적인 사용을 위해 전기와 정보통신기술이 결합하여 각 가정이나 사무실의 전기 제품별 에너지 사용량을 실시간으로 모니터링할 수 있도록 해 에너지 절약과 함께 환경오염도 예방하는 효과를 거두고 있다. 구체적인 사례를 통해 정보통신기술이 인간의 삶을 어떻게 따뜻하게 해 주고 있는지 살펴보자.

오늘날 우리들은 일상생활에서 일기예보를 떼 놓고 생활하기 어려운 것이 현실이다. 과거와 달리 오늘날의 일기예보는 정보통신기술의 발달로 매우 정확해지고 있다. 일기예보를 하기 위해서는 우주에서 인공위성을 이용해 바다와 대기를 관측한 데이터가 지상으로 수분 간격으로 보내지고, 또한 산과 바다에 설치한 레이더 및 부이와 같은 센서로부터 관측한 대기와 바다의 해류 등의 정보가 실시간으로 모아져, 슈퍼컴퓨터를 통해 시간대별, 일간, 주간의 일기 변화가 예측된다. 과거에 일기는 주로 농업에만 영향을 미쳤으나, 현재의 일기예보는 인간이 즐거운 생활을 영위할 수 있는 기회를 제공하고 있다. 누구든지 주말에 야외 활동을 하려면, 먼저 당일 일기예보를 점검해 보고, 그에 맞추어 활동 계획을 정한다. 이와 같이 일기예보는 개인의 여가 생활과 뗄 수 없는 관계로 발전하였고, 음·식료업을 하는 상인들도 일기에 맞추어 판매할 상품과 음식을 준비함으로써 재고 비용을 절약하고 활용하지 못해 버

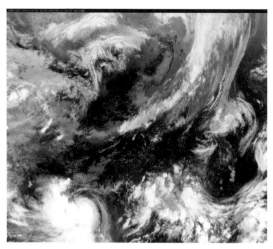

2012년 8월 16일 00:45 동아시아 적외영상 〈자료- 국가기상위성센터 홈페이지〉

리는 식품의 낭비를 막아 환경오염도 더불어 줄일 수 있게 되었다. 기상과 같은 공공 분야에서 정보통신기술은 공공시설물의 안전을 실시간으로 모니터링할 수 있도록 하여 시민의 안전과 재산을 보호하는 역할을 수행하고 있다.

건강 분야에서도 환자의 편의성을 높여 주고 과거에 볼 수 없었던 영역을 볼 수 있게 하는 기술이 개발되고 있다. 위와 대장 관찰을 위한 캡슐 내시경이 개발되어 캡슐이 인체 내에서 찍은 사진을 전송받아 분석함으로써 보다 많은 정보를 확보할 수 있고 환자의 편의성 또한 증진되고 있다. 치과에 가면 과거에는 엑스레이를 찍은 후 필름을 현상해 2차원적 해석을 했지만, 최근에는 디지털 엑스레이가 가능해져 컴퓨터에서 바로 3차원 영상으로 특정 부위를 살펴볼 수 있게 되어 진단의 정확도를 높이고 있다. 이는 환자들에게 정확한 의료 서비스를 제공함으로써 환자의 고통과 비용을 줄여 준 따뜻한 사례이다.

최근 대중교통 이용이나 승용차 운전이 매우 편리해지고 있다. 우리는 집에서 출발하기 전 스마트폰으로 자신이 탈 버스나 전철의 도착 시간을 알 수 있고, 정류장이나 승강장에서는 정보시스템이 승객에게 다음 버스나 전철의 도착 시간을 진행형으로 알려 주어 시간을 적절하게 활용할 수 있다. 승용차 운전자는 자신이 갈 목적지까지의 가장 빠르면서 소통이 원활한 길을 알려 주는 똑똑한 내비게이션 덕분에 시간과 에너지를 절약하고, 졸음으로 차선을 침범하는 경우 정신을 차리도록 경고음이 울리게 하여 사고를 예방한다. 자동차 분야에서는 사고로부터의 안전과 시간 절약을 위해 정보통신기술이 앞으로 더 많이 활용될 것이다.

두 번째는 소통이다. 건강한 사람들은 눈, 귀, 입을 통해 편리하게 소통할 수 있지만, 육체적으로 불편한 사람들은 소통의 문제에서 소외되고 갇힌 삶을 영위한다. 소통에는 사람 간의 소통과 사회와의 소통이 있다. 일반적으로 사람들은 상대방과 원거리에서 전화로 음성 통화를 할 수 있지만, 수화를 해야 하는 사람들에게 음성 통신은 사용할 수 없는 기술이다. 몇 년 전 인천공항에서 집으로 돌아오는 버스 안에서 수화로 집에 있는 부인과 대화하는 옆 사람을 보고 화상 통화의 효용성을 알게 되었다. 수화를 하는 사람들에게 있어 화상 통화는 서로를 연결해 주는 따뜻한 기술이다. 요즘 방송을 보면 과거에 없던 자막이 많이 등장하고 있음을 실감한다. 이는 청각이 좋지 않은 사람들을 위해 시각적으로 방송을

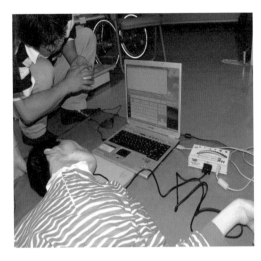

뇌성마비 1급 한○○ 씨의 컴퓨
터 활용 모습 〈자료-경기도재
활공학서비스연구지원센터〉

볼 수 있도록 제공하는 서비스이다.

　이와 같이 정보통신기술은 일부 장애가 있는 사람도 사회와 소
통하면서 생활할 수 있도록 도움을 주고 있다. 구체적인 사례를 하
나 든다면, 뇌성마비 1급의 한○○씨는 30세가 되도록 교육을 전혀
받지 못하고 집에서만 생활해 온 중증 재가 장애인이다. 정보통신
기술을 활용한 보조공학 서비스를 받기 전까지 그는 하루 종일 텔
레비전을 시청하는 것 외에는 별다른 활동을 할 수 없을 정도로
모든 근육이 마비되어 있었고, 신체 기능 중 유일하게 움직일 수
있는 볼과 혀를 이용해 텔레비전 리모컨을 사용하고 있었다. 그러
던 그가 경미하게 남아 있는 볼과 혀의 근육 기능을 이용하여 간
단한 만 원 상당의 볼 트랙볼과 화면 키보드를 활용, 태어나서 처
음으로 컴퓨터상에 문장을 표현할 수 있게 되었다. 훈련 3개월 뒤

에는 메신저를 통해 채팅을 하고, 어머니에게 용변 처리와 같은 의사 전달을 하게 되어 사회와의 소통에 성공하였다. 보다 잘 알려진 사례는 루게릭 병을 앓았던 스티븐 호킹 박사가 두 개의 손가락으로 작동되는 컴퓨터를 통해 논문을 작성하고 대중과 소통한 일이다. 이와 같이 정보통신기술은 육체적 장애를 가진 사람들에게 사회 구성원으로서 함께 융합하여 살아가도록 삶의 가치를 부여해 주는 역할을 하고 있다.

또한 정보통신기술은 소통을 통한 가족의 안심과 건강 증진에도 도움을 준다. 일본의 후쿠시마 원자력발전소 사건을 계기로 사회의 대형 참사에서 가장 중요한 것은 가족의 생존 여부 파악이 되었다. 이런 사회적 재난 상황에서는 가족의 생사를 확인할 수 있는 통신이 언제, 어디서나 가능해야 한다. 현재 우리들이 승용차 등을 이용할 때 내비게이션을 활용하여 원하는 장소와 예측된 시간에 도착할 수 있듯이 발전된 위치정보기술을 활용하면, 비상시에 가족의 안위를 파악할 수 있다. 다만 이를 위해서는 앞으로 개인의 휴대전화에 비상시 위성과의 통신을 가능하게 하는 기능이 부착되어야 하고, 위성에도 이를 위한 기능이 포함되어야 한다.

일본 후쿠시마 지역과 같이 이동이 제한되고 병원 시설이 파괴된 지역에서 환자를 돌보기 위해서는 외부 의사들이 원거리에서 영상을 통해 진료할 수밖에 없는 상황이 존재한다. 또한 재해 발생 당시에는 많은 의료진들이 지역으로 몰려들지만, 그들이 현업으로 복귀한 이후에는 의사 부족 현상이 발생한다. 때문에 정보통신기술을 이용한 원격진료가 필요하다. 원격진료는 평상시 사회적 재난 도시와 농촌 지역 독거노인의 나홀로 죽음을 예방하는 일상적인 건강검진 수단으로도 활용 가능하다. 이런 진료와 함께 정보통신기술은 재해 지역의 환자 상황을 신속하게 파악하여 필요한 의약품과 혈액의 양을 판단하도록 도와주어 물자 공급이 적절하고 신속하게 이루어지도록 한다.

　　정보통신기술은 사회적 약자가 사회 구성원으로 살아가는 데 부족한 부분을 채워 주고, 재난 지역에는 의약품과 물자 수요를 파악해 제공하며, 사회 내 공공시설물의 사고를 예방하고 신속한 복구를 하도록 도움을 주는 따뜻한 공공 인프라의 성격을 갖고 있다.

엄경희(한양대학교 서피스 인테리어디자인학과 교수)

한양대학교 공예과 동대학원을 졸업한 후 미국 시러큐스 대학교에서 석사 학위를, 한양대학교 응용미술학과에서 박사 학위를 취득했다. 1997년부터 한양대 디자인대학의 섬유디자인학과 교수로 재직하였으며, 브리지포트 대학교의 초빙 교수를 지냈다. 현재는 서피스 인테리어과에서 학생들을 가르치고 있다. 대한민국 디자인전람회, 경기중소기업종합지원센터 'G-Design Fair 2009', 한국 텍스타일디자인대전, 전국 대학생 디자인 공모전, '한국의 향기' 상품기획 콘테스트, 이브자리 홈텍스타일디자인 국제공모전 등 다수의 심사위원과 2010 아시아태평양 디자인&컬러 컨퍼런스, (주)디자인정글 코리아 디지털디자인 국제공모전 운영위원 및 글로벌 전문기술개발사업평가 품목 발굴 총괄위원, 지식경제부 기술혁신 평가단 위원으로 활동했다. 또한 디자인 기반 구축 사업, 중소기업 기술개발 사업, 산업원천 기술개발 사업, 서울시 산학연 협력 사업, 섬유패션 기술력 향상 사업, 서울시 중소기업 맞춤형 현장기술인력 양성 사업, 중소기업기술혁신 개발 사업, 섬유산업스트림 간 협력 기술개발 사업, 한국산업기술평가관리원 현장 실태 조사, IT융합 고급인력과정 지원 사업 등 평가위원을 역임했다. 현재 한국공예디자이너협의회 부회장, 한국 연구재단 인문사회연구본부 문화 융복합단 전문위원, 한국텍스타일디자인협회 상임이사와 한국디자인연구재단, 한국디자인문화학회, 한국디자인지식학회, 한국디지털디자인협회 이사 및 산업융합포럼 위원 등으로 다양한 협회 및 학회에서 활동하고 있으며, 《디지털 섬유패션디자인》《텍스타일 디자인 입문》《기술의 대융합》 등의 책을 저술했고, 더불어 《인테리어 소품을 위한 로맨틱한 꽃 스케치》《컬러 테이스트 배색북》《색칠여행 사계의 꽃 1》 등의 책을 번역했다.

따뜻한 기술과 디자인의 만남

디자인이란 '계획을 표현하다'라는 의미로 인간의 생활 목적에 따라 그것이 용도에 잘 맞고 가장 미적인 형태를 지니도록 계획하고 설계하는 일이다. 즉 내가 상상하는 것을 현실로 만들어 내는 작업이라고 할 수 있으며, 단순히 보고 느끼는 제품의 외관뿐만 아니라 삶을 구성하고 변화시키는 이 시대의 문화 코드로서 디자인이 속한 시대적 배경을 드러내며 사회를 반영하는 거울이라고 볼 수 있다.

과거의 디자인은 기능의 극대화가 바로 아름다움이며 그것을 최대로 실현시키면 스스로 미가 실현된다고 생각해 왔다. 그러나 현대의 디자인에서는 또 다른 경향이 나타난다. 즉 사람의 감성을 자극하고 자연환경을 보존하는 지속 가능한 디자인에 더 많은 관심을 두고 있다. 특히 요즘 '착한 소비'부터 '착한 기업', '착한 가격'에 이르기까지 '착하다'는 말이 유행처럼 번지고 있는데, 여기에서 착하다는 의미는 단순히 '언행이나 마음씨가 곱고 바르며 상냥하다' 는 의미뿐만 아니라 여러 방향으로 그 의미가 확장되어 전달된다. 만약 생활 속 다양한 디자인에도 마음이 있다면, 그 마음이 곱고 착하게 느껴지는 디자인이 바로 '착한 디자인'일 것이다. 즉 나보다 우리를 생각하는 디자인, 환경과 지구를 생각하는 디자인, 모두의 미래를 위한 디자인, 나눔을 실천하는 디자인, 따뜻한 감성을 자극 하는 디자인이 곧 '착한 디자인'이라고 할 수 있다.

그러므로 이제 디자인은 대량 공급의 트렌드를 벗어나 소비자의 오감을 만족시켜 심리적인 행복함을 줄 수 있는 디자인으로 변화되 고 있다. 감성이 소비자의 가치를 만족시키는 중요 요소로 자리 잡 고 있기 때문이다. 또한 더 나아가 자연을 정복의 대상이 아닌 상 생과 공생의 관계로 해석하고 약자와 소외된 사람들까지 배려하는 '따뜻한 디자인'으로 바뀌어 가고 있다. 이처럼 디자인에 따뜻한 기 술이 더해지면서 인간의 삶을 풍요롭게 하고 편리하게 해 주는 존재 의 의미에서 진보하여 '인간과 환경을 위하는 디자인' 개념으로 확 장되고 있다. 이러한 현대사회 흐름을 반영한 따뜻한 기술에 따른 디자인 경향은 크게 유니버설Universal, 지속 가능성Sustainable, 감성 Emotional 디자인 세 분야로 나누어 분류할 수 있다.

유니버설 디자인

유니버설 디자인이란 '모두를 위한 디자인Design For All'으로 연령, 성별, 국적, 문화적 배경, 신체적·정신적 장애 유무 등과 상관없이 누구나 손쉽게 그리고 안전하게 이용할 수 있도록 설계한 디자인이다. 유니버설 디자인에서 'Universal'은 '개개인을 향함'이라는 의미로 인간의 존엄성과 평등을 실현할 수 있는 21세기의 창조적 패러다임이다. 이처럼 유니버설 디자인은 기존 디자인 개념에 '인간을 위한다'는 의미를 더욱 강조함으로써 사용자의 요구를 최대한 만족시키는 시각, 인터페이스, 운송 수단, 도시를 포괄한 환경디자인, 제품 디자인, 서비스 등을 말한다. 신체 장애인이나 고령자를 배려한, 장애가 될 만한 장벽이 없는 디자인Barrier Free Design 개념에서 출발한 유니버설 디자인은 사회적 약자인 '장애인이나 노약자를 위한 디자인'을 넘어 우리 사회를 구성하는 '모든 사람을 이롭게 하는 디자인' 개념으로 발전했다.

인류의 평균 수명이 늘어나고 전 세계가 고령화 사회로 급속히 진입하고 있는 상황에서 유니버설 디자인의 도입은 필수적인 요소로 부각되었다. 이러한 사회적 현상은 인간이 독립적으로 불편 없이 삶의 질을 높이면서 살 수 있는 환경의 제공 또한 유니버설 디자인 도입의 필요성으로 느끼게 했으며, 더불어 사용자 편의성 Usability의 확장된 개념으로도 접근되어지고 있다.

유니버설 디자인이라는 용어는 1990년 미국에서 1급 소아마비 중증 장애인으로 휠체어를 타고 다녔던 건축가 로널드 메이스 Ronald L. Mace 교수에 의해 처음 사용되었다. 그리고 그가 재직했던 미국 노스캐롤라이나 주립 대학교 유니버설 디자인 센터The Center For Universal Design는 1997년 유니버설 디자인의 7가지 원칙을 다음과 같이 제시하였으며, 이러한 7원칙이 확실하거나 각 항목의 해결을 위해 노력한 디자인을 곧 유니버설 디자인이라고 정의했다.

① 공평한 사용Equitable Use

　누구라도 차별감이나 불안감, 열등감을 느끼지 않고 공평하게 사용 가능한가?

② 사용상의 융통성Flexibility in Use

　긴급하거나, 다양한 생활환경 조건에서도 정확하고 자유롭게 사용 가능한가?

③ 간단하고 직관적인 사용Simple and Intuitive

　사용 방법을 직감적으로 간단히 알 수 있도록 간결하고, 사용 시 피드백이 있는가?

④ 정보 이용의 용이Perceptive Information

　정보 구조가 간단하고, 복수의 전달 수단을 통해 정보 입수가 가능한가?

⑤ 오류에 대한 포용력Tolerance for Error

　사고를 방지하고, 잘못된 명령에도 원래 상태로 쉽게 복귀가 가능한가?

⑥ 적은 물리적 노력Low Physical Effort

　무의미한 반복 동작이나, 무리한 힘을 들이지 않고 자연스런 자세로 사용 가능한가?

⑦ 접근과 사용을 위한 충분한 공간Size and Space for Approach and Use

　이동이나 수납이 용이하고, 다양한 신체 조건의 사용자와 도우미가 함께 사용 가능한가?

　유니버설 디자인 사례로 일본 최대 욕실 제품 전문 기업 'TOTO'의 '레스트팔Restpal DX'[그림 1]를 들 수 있는데, 욕실에 설치된 기기들을 리모컨을 이용해 신체적 부담 없이 조작 가능하도록 디자

[그림 1]
'TOTO' 의 '레스트팔 DX'

인되었다. 그리고 사용자 행동 관찰 결과를 반영해 선반의 높이를 700밀리미터로 조정하여 이동 시 보다 편안하게 의지할 수 있도록 했다. 또한 'TOTO'사는 2006년 '유니버설 디자인 연구소'를 설립하여 개발자와 고객 간의 지속적인 대화, 제품 사용 시 고령 사용자를 비롯한 모든 사람의 움직임과 신체적 변화를 면밀히 확인하고 분석한 후 이를 제품 개발 및 개선에 반영해 디자인하고 있다.

그리고 한국의 LG전자에서 개발한 매직 리모컨[그림 2]은 2012년 2월 독일의 뮌헨 '유니버설 디자인'으로부터 '유니버설 디자인

[그림 2] LG전자 인피니아 LM9600과 매직 리모컨

인증'을 받았다. 기존의 복잡한 리모컨들이 버튼이 너무 많아 사용하기 두렵다는 소비자의 의견을 바탕으로 'LG전자의 연구실 직원들은 컴퓨터용 마우스의 휠과 유사한 휠Wheel을 적용시켜 사용자가 화면을 간편히 읽어 내려갈 수 있게 했다. 그리고 리모컨을 쥔 채로 특정 손동작을 하면 텔레비전이 이를 명령으로 인식하는 '매직 제스처Magic Gesture' 기능을 추가했는데, 예를 들어 사용자가 매직 리모컨으로 'V'자를 그리는 동작을 취하면 '최근 본 영상' 목록이 실행되는 기능이다. 또한 전 세계에서 판매되는 제품이기 때문에 해당 국가 언어가 모두 지원되며, 제품 이해도와 상관없이 많은 사람들이 사용하기 편하고 알기 쉽게 작동할 수 있는, 즉 인터페이스 기능이 가미된 디자인 제품을 제작한 것이라고 할 수 있다.

지속 가능한 디자인

지속 가능성이란 현재를 살아가는 사람들의 욕구를 만족시키기 위해 미래의 역량을 훼손하지 않고, 한 나라나 지역의 발전이 다른 곳의 발전을 저해하지 않으며, 소득, 교육, 정치, 문화 등의 차이에 상관없이 모든 인간이 서로의 희생을 강요하지 않고 함께 보호하고, 함께 발전하고, 함께 공유하는 것을 말한다. 1980년대 이후 '지속 가능성'은 지구환경이라는 커다란 틀 속에서 인간이 발휘하는 지속 가능한 활동성에 대해 논의할 때 집약적으로 사용되었고, 1987년 환경과 개발에 관한 세계위원회WCED, World Commission on Environment and Development의 보고서 〈우리 공동의 미래Our

Common Future〉에서 공식적으로 "지속 가능성이란 미래 세대의 필요를 충족시킬 수 있는 가능성을 보존하면서, 현세대의 필요를 충족시키는 개발이다."라고 정의했다.

그렇다면 지속 가능한 디자인이란 무엇일까? 지금까지의 지속 가능한 디자인은 '에코 디자인' 또는 '그린 디자인'이라는 용어와 혼용되어 왔으나 현시점에서 지속 가능한 디자인이란 시대의 흐름과 사회 문화적 트렌드가 반영된, 즉 환경에만 국한된 디자인이 아니라, 지속 가능 발전의 3대 축인 경제적 가치 창조, 환경에 대한 배려, 사회적 책임을 고려한 디자인을 의미한다. 그리고 제품 개발 초기의 환경을 고려한 소재 선택과 공정관리, 생산, 판매, 사용 후까지 고려한 디자인이라고 할 수 있다. 이러한 지속 가능한 디자인 제품은 소비자들의 문화 수준이 높아지고 환경 의식이 성장하면서, 또 기업들의 소재 재활용을 통한 비용 절감과 기업 이미지 제고 효과가 커지면서 더더욱 관심이 높아졌다. 이러한 상황에서 국내외로 물건을 사고파는 허가와 관련하여 지속 가능성을 중점으로 한 디자인 제품의 국제 규제가 점점 강화되고 있다. 특히 전자 제품과 관련하여 영향력이 큰 규제는 유럽연합EU에서 발표한 특정 위험 물질 사용 제한 지침ROHS, Restriction of the use of Hazardous Substances과 폐가전제품의 의무 재활용에 관한 규제WEEE, Waste Electrical and Electronic Equipment를 들 수 있다.

지속 가능한 디자인의 대표적인 예로 빅터 파파넥Victor Papanek의 작품을 들 수 있는데, 그의 깡통 라디오[그림 3]는 그가 인도네시아 발리의 원주민들과 함께 만든 것이다. 1960년 당시 발리에 큰

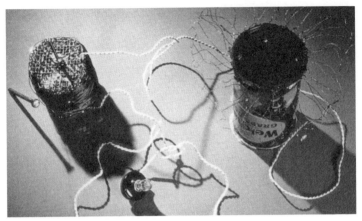

[그림 3] 빅터 파파넥과 발리 원주민들이 협업으로 만든 깡통 라디오

화산이 폭발해 많은 피해가 발생한 상황에서 빅터 파파넥은 유네스코 개발도상국 지원 프로그램의 일환으로 그곳을 방문했다. 그는 이곳 원주민들에게는 라디오조차 값비싼 물건이고, 집집마다 간단한 통신기기가 있었다면 이렇게 피해가 크지 않았을 것임을 알게 되었다. 빅터 파파넥은 관광객들이 버린 빈 깡통과 땅콩기름을 동력으로 사용하는 원가 9센트 정도의 라디오를 고안하고 원주민들에게 그 라디오의 패키지 디자인을 부탁했다. 이렇게 개발된 깡통 라디오는 원주민들이 직접 참여해 디자인 제품을 제작했다는 데 큰 의의를 두었으며, 이는 세상에 하나밖에 없는 디자인이었기 때문에 더 소중히 간직할 수 있었던 지속 가능한 디자인의 예라고 볼 수 있다. 지속 가능한 디자인을 추구하는 빅터 파파넥은 사회와 환경에 책임을 지는 제품 디자인, 도구 디자인, 사회 기반 시설 디자인을 강력하게 주장한 디자이너이자 교육자이며, 현재까

지도 지속 가능한 디자인 제품을 제작하는 많은 디자이너들에게 커다란 영향을 미치고 있다.

따라서 이러한 변화의 흐름에 발맞추어 우리는 앞으로 환경친화적인 디자인의 기반 위에 사회경제적인 형평성을 고려하여 지속 가능한 사회로 나아가야 하며, 우리가 누리고 있는 환경을 현세대와 다음 세대가 함께 향유할 수 있도록 노력해야 할 것이다.

감성 디자인

최근 들어 소비자들의 감성에 대한 관심은 날로 높아지고 있다. 여기서 감성感性의 의미는 이성理性에 대응되는 개념으로, 대상을 오관五官(다섯 가지 감각기관인 눈, 귀, 코, 혀, 피부)으로 감각하고 지각하여 표상을 형성하는 인간의 인식능력을 가리키는 말이다. 따라서 감성 디자인은 "소비자의 감성을 만족시키며, 한걸음 더 나아가 소비자의 기대 수준을 뛰어넘어 심리적 감흥을 일으키는 디자인"이라고 정의할 수 있다. 감성 디자인이 중요한 이슈가 되기 시작한 것은 21세기에 들어서면서부터이다. 산업화 시대의 중요한 가치 요소였던 경제성, 기능성, 안정성 등은 지식 정보사회의 도래에 따라 감성적, 심리적 만족 등과 같은 개인적이고 감성적인 측면에 그 가치를 두는 방향으로 변화되었다. 소비자들의 소득이 증가하고 개인 여가 시간이 늘면서 감성을 중요시하는 경향은 더욱 심화되었는데 이러한 변화는 문화와 예술에 대한 관심을 고조시켰고, 이를 누리고 즐기고자 하는 욕구를 증가시켰다. 또한 감성적 소비가 늘어나면서, 소비자들은 감동이 있고 즐거움이 있는 소비를 추구하게 되었고, 느낌이나 기분과 같은 요소, 즉 놀이적 가치 요소나 심리적 가치 요소가 적용된 감성 디자인을 찾게 되었다. 이러한 시대의 변화에 따라 기업에서는 제품의 기능성만으로 차별화하는 것에 한계를 느꼈으며, 소비자의 감성을 자극할 수 있는 디자인에 중점을 둔 디자인 제품을 개발해 출시하였다. 더불어 이미지 제고 측면이나 사회 공헌의 일환으로 문화 마케팅 전략을 구사했으며, 최근에는 문화를 통한 마케팅을 넘어 소비자의 감성을 자극할 수 있는 예술적 요소를 도입한 마케팅 전략을 펼치고 있다.

감성 디자인의 대표적인 예로 꽃 폭탄[그림 4]은 리처드 레이놀즈Richard Reynolds가 만들어 지난 2004년부터 미국 플라워 봄버(flowerbomber.com)에서 판매되고 있는 제품으로 버려진 땅에 씨앗을 뿌리는 게릴라 가드닝 활동이다. 배양토 속에 야생화 꽃씨를 넣어, 작고 동글동글한 폭탄 모양으로 만든 것으로, 투박하면서 친환경적인 감성이 가미된 제품 디자인이다. 친구 집 담장에, 우리 집 화단에, 학교 운동장 구석 어디든 '꽃 폭탄'을 던진 뒤 비가 오면 야생화가 아름답게 피어나는 것인데, 생각만 해도 기분 좋은 발상이며 세상에서 가장 행복한 폭탄이라고 할 수 있다. [그림 5]

[그림 4] 리처드 레이놀즈의 꽃 폭탄

[그림 5] 유니세프 주관 'Dirty Water' 프로젝트

의 더러운 물 자판기는 뉴욕 유니세프Unicef 주관으로 진행 중인 '더러운 물Dirty Water' 프로젝트로 더러운 물을 1달러에 구입함으로써, 한 아이가 40일 동안 깨끗한 물을 마실 수 있게 기부하는 것이다. 이 물은 식수가 아닌 비료가 섞인 물로 공원이나 화분에 부어주면 된다고 한다. 이러한 더러운 물 자판기 광고 디자인은 실제로 더러운 물을 판매한다는 놀라움을 줌은 물론, 인간의 감성을 자극한 마케팅 전략으로 아이들에게 깨끗한 물을 줄 수 있다는 데에 절로 미소가 지어지며 따뜻함이 느껴지는 디자인이라고 할 수 있다.

또한 사람의 내면에 있는 따뜻한 감성을 자극하는 광고인 SK텔레콤의 '사람을 향합니다' 캠페인[그림 6]은 선량하게 살아가는 보통 사람들의 모습에 과거와 현재, 세대 간을 오가며 잊어버린 혹은 너무 바빠서 뒤돌아볼 틈이 없는, 아니면 이런저런 핑계로 살피지 못한 가족에 대한 사연 등을 담아내 사회 구성원들이 살아가는 모습을 따뜻한 시선으로 복원해 주는 역할을 했다. 이 광고는 우리에게 잔잔하고 훈훈함 감동을 준 감성 디자인의 좋은 예라고 볼 수 있다.

[그림 6] SK텔레콤의 '사람을 향합니다' 캠페인 광고

이제까지 살펴본 따뜻한 기술에 담긴 디자인은 기존의 기능성과 품질에 대한 측면을 고려한 디자인을 넘어 인간과 환경을 위한 디자인으로서, 인간을 배려하는 훈훈한 기술과 삶을 풍요롭게 하기 위한 디자인의 만남이라 할 수 있다. 이 같은 따뜻한 기술과 디자인의 만남은 우리의 삶 속에 스며들어 정신적인 행복감과 육체적인 편안함을 영위할 수 있게 해 준다. 그러므로 현재의 디자인은 제품의 형태, 모양, 색채를 결합한 실체라는 의미에서 한발 더 나아가 모든 인간을 위하는 디자인, 환경과 함께하는 디자인, 따뜻한 감동이 있는 디자인으로 변해 가고 있다고 볼 수 있다.

참고문헌 ─────────────────────

- *Sustainable Industrial Design And Waste Management*, El-Haggar, Salah, AcademicPr, 2007.
- *Green Design*, LUCAS, Doria, Braun, 2010.
- 《사용자 중심의 유니버설디자인 방법과 사례》, 고영준, 이담북스, 2011.
- 《유니버설 디자인 사례집 100》, 닛케이 디자인, 홍철순·양성용 역, 미진사, 2007.
- 《감성 디자인》, 도널드 노먼, 박경욱·이영수·최동성, 학지사, 2011.
- 《현대 디자인의 이해》, 박연실, 한국학술정보㈜, 2010.
- 《지속 가능한 디자인》, 야미기와 야스유키, 유니버설디자인연구센터 역, 유니버설디자인연구센터, 2006.
- 《창조적 디자인 경영》, 이병욱, 국일미디어, 2008.
- 《21세기 뉴 르네상스 시대의 디자인 혁명》, 조동성, 한스미디어, 2006.
- 〈아트 마케팅이 소비자의 심리적, 행동적 반응에 끼치는 영향에 관한 연구: 순수예술 속성의 응용을 중심으로〉, 윤지연, 서울대학교 대학원 경영학과 마케팅전공 석사 학위논문, 2007.
- 〈지속 가능 디자인을 위한 가이드라인 개발 연구〉, 이주형, 연세대학교 대학원 생활디자인학과 석사 학위논문, 2010.
- 〈감성적 소비자 가치가 명품 브랜드 제품 디자인에 미친 영향에 관한 연구: 심미적, 유희적 요소를 중심으로〉, 이수철·이은경, 한국디자인문화학회지, Vol.16, No.3, 2010.
- 〈제품 디자인 개발에 있어 지속 가능 디자인 방법의 수립과 적용〉, 채승진·노다운·권오성, 한국디자인문화학회지, Vol.17, No.4, 2011.
- 〈유니버설 디자인을 고려한 터치스크린 모바일폰의 UI연구〉, 노혜은·박승호, 디지털디자인학연구, Vol.8, No.2, 통권 18호, 2009.
- 〈지속 가능한 발전의 사회 구현 요소(3C, 3P, 3R) 분석과 트리플 바텀라인 TBL의 융합을 통한 기업의 디자인 경영에 관한 연구〉, 김경희·최명식, 디지털디자인학연구, Vol.11,No.3, 통권 31호, 2011.
- 건설경제신문 www.cnews.co.kr, 2012. 4. 14.
- 네이버 블로그 blog.naver.com/talktome21/140053212871, 2012. 4. 15.
- 네이버 국어사전 krdic.naver.com, 감성 , 2012. 4. 15.
- 유니세프 www.unicef.org, 2012. 9. 19.
- 위키백과 ko.wikipedia.org, 빅터 파파넥, 2012. 4. 15.
- 전자신문 www.etnews.com, 2012. 4. 14.
- 특허청 블로그 blog.daum.net/kipoworld/1706, 2012. 4. 15.
- 플라워 봄버 FlowerBomber, www.etsy.com/shop/FlowerBomber, 2012. 9. 19.
- 플리커 www.flickr.com, 2012. 4. 15.
- 한샘Hassem 공식 블로그 blog.hanssem.com/60130624673, 2012. 4. 10.

이진애(인제대학교 환경공학부 교수)

서울대학교 식물학과를 1976년에 졸업하고 뉴욕 주립 대학교 해양학과에서 1984년에 해양환경학 석사, 1987년에 연안해양학 박사 학위를 취득했다. 1988년부터 현재까지 인제대학교 환경공학부 교수로 재직하고 있으며, 환경과 생물의 상호 관계를 규명하는 환경생태학 연구를 수행하고 있다. 낙동강과 연근해에서 수질오염과 부영양화의 문제가 심각함을 규명했고, 이에 따라 유해 담수 적조 및 해양 적조가 발생하는 현상을 연구했다. 이러한 환경생태학적 연구를 통하여 하천과 호수 생태계에서 환경 영향을 평가하고, 환경적으로 건전하고 지속 가능한 발전을 할 수 있는 오염 방지 대책 및 복원 방법을 탐색하고 있다.

따뜻한 지속 가능 환경기술

미세하고 볼품없는 생물일지라도 생태계의 모든 생물은 독특한 역할과 지위를 갖는다. 환경 분야에서 따뜻한 기술이라고 한다면 아마도 생태계를 구성하는 생물의 역할과 지위를 가능한 최대로 존중하여 배려하고, 환경적으로 건전하고 지속 가능한 발전을 이룩하는 기술일 것이다.

환경적으로 건전하고 지속 가능한 발전

1992년 6월 브라질의 리우데자네이루에서 세계 185개국 대표단을 포함해 총 2만 5,000여 명이 참여하는 초대형 국제회의가 개최되었다. 당면한 지구환경문제를 논의하는 유엔환경개발회의로 리우환경회의 또는 지구정상회담이라고 한다. 지금까지 인류는 지나치게 자원을 사용하고 개발하여 다음 세대의 생존이 위협받는 지경에 이르게 되었으며, 따라서 환경문제에 관한 새로운 인식 전환이 필요함을 강조하여, 환경적으로 건전하고 지속 가능한 발전ESSD, Environmentally Sound and Sustainable Development이라는 새로운 이념을 확립하고 이를 이루기 위한 실천 지침으로 의제21을 채택하였다. 지속 가능한 발전이란 "미래 세대의 필요를 충족시킬 능력에 손상을 주지 않으면서 현세대의 필요를 충족시키는 개발"로 정의했고, 현세대의 과도한 자원 사용과 개발이 후세대의 복지를 위협하지 않는 개발을 의미한다.

지속 가능한 발전의 따뜻한 생태공학기술
-인공 습지를 이용한 하수처리 기술

지속 가능한 발전의 따뜻한 기술은 생태공학 분야에서 쉽게 찾을 수 있다. 생태공학은 인간 사회와 자연환경 모두에 이로운 방향으로 추진되는 지속 가능한 생태계 설계 기술을 개발하고 응용하여 실용화하는 공학기술이다. 생태공학은 미국의 오덤Howard T. Odum이 1960년대에 처음 제언했는데, 인간이 자기 목적을 위해 자연에 최소한의 힘을 가하여 결과적으로 큰 효과를 일으키는 기술로 생태계 주도형 조직 체계를 이루는 것이 핵심이다. 공학적 처리 공정이 수십 년간 서방국가에서 진행되었음에도, 환경문제는 여전히 해결되지 않은 채로 남아 있고, 투자에 비하여 그 성과가 회의적이며, 외부에서 많은 에너지를 투입해야 하는 공정으로는 지속 가능한 사회를 이루기 어렵다는 주장에서 시작되었다. 미국은 1972년 수질청정법에 의해 1983년까지 미국 내 모든 수계의 수질을 낚시와 물놀이가 가능할 정도로 개선하려는 계획을 세우고 방대한 재원을 투자하는 노력을 기울였으나, 목표 연도에 이르러서도 절반이 넘는 수계는 여전히 수질 개선이 이루어지지 않았다. 최종적으로 배출되는 오염 물질을 관리하는 공학적 기술이 주축이 된 수질 개선 대책으로는 목표 달성이 어려웠으며, 생태계의 구조와 기능의 모방을 추가한 생태 주도형 조직 체계가 필요하게 된 것이다. 생태 공학기술자들은 현대 고도의 하이테크high-tech가 아닌 먼 옛날부터 인간 사회에 존재했던 자연 친화적인 로테크low-tech의 기술로 환경문제를 해결한다고 스스로 자평한다.

습지의 수질 정화 기능을 본뜬 인공 습지를 이용한 하수처리 기술은 생태학과 공학을 접목시킨 생태공학기술이다. 이 기술은 1970년대에 미국을 중심으로 조심스럽게 시작되었는데, 오물을 자연에 퍼붓는다는 엉뚱하고 대담한 생각으로 논란이 거셌으나 1990년대 들어 생태공학적 공정의 적정화로, 2000년대에 상용화로 이어졌으며, 가정하수뿐 아니라 농업 및 산업 폐수, 나아가 광산 폐수에도 적용이 가능해졌다.

1999년에 제정된 우리나라 습지보전법에 의하면 습지는 담수, 기수 혹은 염수가 영구적 또는 일시적으로 그 표면을 덮고 있는 지역으로 정의된다. 습지는 스펀지 또는 필터와 같다고 하는데, 주요 기능으로는 주변으로부터 유입되는 각종 오염물을 정화하는 수

미국 포트랜드항 청사에서는 '인공 습지를 이용한 하수처리 기술'을 기반으로 상업화시킨 Living Machine™을 실내에 설치하고, 하수를 정화하여 건물 내 화장실 용수 및 냉각 용수로 재사용한다.

질 개선 기능, 표면 유출수를 흡수하여 홍수를 조절하고, 지하수를 충전하고, 지표수 유량을 조절하는 수문학적 기능, 습지식물에 의한 하안이나 연안의 침식을 방지하는 기능이 있다. 특히 습지의 물질 생산력은 지구 상에서 최고 수준으로, 유기물과 먹이가 많아 조류, 어패류를 비롯한 많은 동식물이 살고 있어 생물 다양성의 보물 창고라 할 만하다. 미국의 경우 습지의 총면적은 전 국토 면적의 겨우 5퍼센트에 지나지 않지만, 미국 동식물의 1/3, 철새의 1/2정도가 습지에 서식할 정도로 습지의 생물 다양성은 매우 풍부하다.

　지구 대기 중에는 산소가 20퍼센트나 되기 때문에 산소가 있으면 살기 어려운 혐기성생물은 극히 제한된 장소에서만 살고 있다. 습지에는 유기물이 많은데, 이것이 바닥으로 가라앉으면 호기성 분해가 활발히 일어나 산소가 거의 없는 상태가 되면서 혐기성미생물이 활동할 수 있게 된다. 혐기성미생물은 산소가 없는 상태에서 수중 유기물과 무기물을 최종적으로 메탄, 암모니아, 황화수소, 질소 등의 기체로 변환시킴으로써, 물에서 오염 물질을 뽑아내어 최종적으로 대기 중으로 내보내는 역할을 한다. 즉 습지는 고도의 하수처리 기능을 갖고 있으며, 따라서 지구의 물질 순환에서 매우 중요한 작용을 한다. 습지의 수질 정화 기능을 단계적으로 보면, 고형물을 걸러 제거하는 1차 처리, 호기성미생물에 의한 2차 처리, 용존 유기물과 무기물을 제거하는 3차 처리, 혐기성미생물에 의한 혐기적 처리 등 모든 공정을 갖추고 있을 뿐 아니라 외부 에너지의 유입 없이 구성하고 있는 온갖 생물의 네트워크만으로도 스스로 작동되는 유지비 제로의 최우수 하수처리장이다.

지속 가능한 발전의 뜨거운 오아시스 '녹색 기술'
－사하라 숲 사업The Sahara Forest Project

벨로나 재단은 노르웨이에 본사를 둔 국제 환경 NGO단체로서, 1986년에 설립된 이후 공인된 기술과 솔루션 지향적인 조직을 갖추고 지속 가능한 발전을 위하여 직접 행동하는 단체이다. 공학기술자, 생태학자, 핵물리학자, 경제학자, 변호사, 정치가 및 언론인이 벨로나 재단에서 일하고 있다. 이 재단은 지속 가능한 발전을 도모하는 사하라 숲 사업(www.saharaforestproject.com)을 준비하였고,

2011년 카타르에 시범 단지 조성을 시작하였다.

사하라 숲 사업은 기후변화의 완화 및 적응과 관련된 다양한 기술을 모아 하나로 종합한 것이다. 그것도 사막 한가운데서 이를 적용하는 시범 단지를 건설하고 있다. 열대의 강렬한 태양광으로 전기를 만들고, 이를 이용해 해수를 끌어 올려 발전 시스템을 냉각시키면서, 해조류나 염생식물을 재배하는 시스템이다. 이 시스템을 거치면서 데워진 해수는 증발돼 소금을 생산하고, 부산물로 얻어지는 귀중한 담수는 음용수로 활용하며, 식량 생산을 위한 수경재배와 시설물 보호에 필요한 울타리 숲 유지에 쓰이게 된다.

여기에 적용되는 기술은 고농도 태양광발전, 해수 냉각, 울타리 숲 조성 및 유지, 담수 및 소금 생산, 해조 및 염생식물 온실재배 기술 등이다. 이러한 기술들은 서로 맞물린 고리로 연결되어 복합

태양과 바다가 사막을 살리는 지속 가능한 오아시스 녹색 기술의 '사하라 숲 사업'이 벨로나 재단에 의해 개발되어 현재 요르단, 카타르 등지에서 파일롯트 규모로 진행되고 있다.

적인 시너지를 창출하도록 계획되었다. 마치 생물이 살기 어려운 사막에서 오아시스가 우리에게 물과 생명을 보장해 주는 것과 같이 사하라 숲 사업에서 이를 인공적으로 건설하고 있다. 이미 이스라엘의 사막에서는 친환경, 저오염, 고효율 복합 양식으로 해조류, 전복, 어류 등을 키우고 있다. 사하라 숲 사업이 성공적으로 수행될 경우 이러한 복합 양식의 접목도 가능할 것이다. 사하라 숲 사업은 그야말로 태양과 바다가 사막을 살리는 오아시스 녹색 기술이라고 할 수 있다.

기후변화에 적극적으로 대응하는 이러한 기술은 서로 다른 학문 분야, 다양한 산업과 국가, 문화와 사람들의 국제적인 네트워크를 연결하는 융합의 과정을 기반으로 한다. 녹색 지구와 블루오션을 꿈꾸는 많은 젊은이들이 열린 마음으로 만들어 간다면 지금보다 훨씬 다양하고 많은 성과를 얻을 수 있을 것이다. 물론 이 사업도 경제성 측면에서 아주 자유롭지는 않다. 처음 시설에 투자해야하는 비용 부담이 엄청나기 때문이다. 화석연료 사용이 초래한 기후변화에 대응하는 기술의 적용 역시 석유 자본이 있어야 가능하다면 아이러니일까?

정지훈(명지병원 IT융합연구소 소장)

한양대학교 의대를 졸업한 후 서울대학교에서 보건정책관리학 석사 학위를, 미국 남가주 대학USC
에서 의공학 박사 학위를 취득했다. 우리들병원 생명과학기술연구소장을 거쳐 현재는 관동의대 명
지병원 융합의학과 교수이자 IT융합연구소장으로 활동하고 있다. 《제4의 불》로 매일경제신문에서
수여하는 2010년 정진기 언론문화 장려상을 수상했으며, 《중앙일보》 등 여러 매체에서 융합적 지
식인으로 선정되었다. 의학과 공학, 경영학과 철학, 사회과학과 디자인의 영역을 넘나드는 지식을
바탕으로 하는 융합과 미래 전문가로 알려졌으며 관동의대 명지병원에서 시작한 융합의학이라는
새로운 학문적 시도와 혁신 문화의 전파를 통해 과거에는 생각하지 못했던 새로운 시도를 할 수
있는 조직으로의 변화를 촉진하는 문화 전파가이다. 파워블로그 '하이컨셉&하이터치(health20.kr)'
의 운영자이기도 한 그는 국내 여러 기업과 정부기관 등에서 미래 트렌드와 전략 자문가로 활발하
게 활동하고 있으며, '전자신문 미래칼럼'과 '중앙일보 시평' 등 다양한 대중매체에 글을 연재하고
있다. 지은 책으로 《무엇이 세상을 바꿀 것인가》 《오프라인 비즈니스 혁명》 《거의 모든 IT의 역사》
《제4의 불》 《웹 서비스》 《아이패드 혁명》 등이 있다.

따뜻한 의학 기술

2010년 1월 12일, 진도 7.0의 강진이 카리브 해의 한 소국을 덮쳤다. 수도 포르토프랭스Port Au Prince 전역이 한꺼번에 주저앉는 듯했고, 사망자만 30만 명으로 추산되고 있으며, 100만 명이 살 집을 잃었다. 이들의 아픔을 함께 나누려는 각국 정부와 시민 단체들은 앞다퉈 수십억 달러에 이르는 구호금을 기부했고, 많은 양의 의약품과 식량, 식수 등도 전달되었다. 이런 최악의 상황에서 의학과 관련한 과학기술은 어떤 역할을 했을까?

전 세계에서 다양한 구호 자금이 도착했지만, 많은 사람들이 다친 그곳에서 가장 필요한 것은 병원이었다. 그렇지만 병원을 하룻밤 사이에 짓는 일은 불가능하다. 이런 상황을 대비해서 따뜻한 기술을 연구하고 있던 단체가 바로 국경 없는 의사회MSF, Medecins sans Frontieres였다.

국경 없는 의사회의 플러그 앤 플레이 병원

이들은 아이티와 같이 아무것도 없는 환경에서 간단하게 즉석 병원을 설립하고 제대로 된 진료 활동에 들어갈 수 있는 기술 체계를 갖추고 있었다. 이들이 개발한 '플러그 앤 플레이 병원plug and play hospital'은 여러 개의 부풀어 오르는 텐트들을 연결하고, 여기에 발전기와 필수적인 소독 기기 등이 결합되어 있어 전기나 물이 없는 비상 상황에서도 병원의 역할을 할 수 있도록 되어 있다. 아이티에 설치한 병원은 9개의 텐트로 구성되어 있는데, 100병상 규모로 수술방과 중환자실ICU, Intensive Care Unit까지 갖춘 제대로 된 병원이다. 장비만 갖추어지면 플라스틱 타일로 바닥을 깔고, 텐트를 세우게 되는데 각 텐트의 크기는 약 100제곱미터(약 30평) 정도로, 9개의 텐트를 세우면 총 900제곱미터(약 300평)가 된다. 여기에 쉽게 접어 옮기기 편한 침대들과 2개의 수술 방이 설치되고, 각 텐트에는 발전기와 물이 공급되며, 어떤 물이든 소독 과정을 거쳐 안전한 사용이 가능하다.

인상적인 것은 이런 상황을 대비해 완벽한 대응력을 갖춘 준비성과 디자인이다. 이를 위해서 국경 없는 의사회는 보르도와 브뤼셀에 R&D센터도 갖고 있다. 2005년 파키스탄에 이런 병원을 처음 만들었을 때는 밤과 낮의 일교차가 심해 밤에 텐트 안쪽의 압력이 낮아지는 바람에 텐트가 주저앉는 현상이 발생했다고 한다. 이 문제를 해결하기 위해 텐트 안쪽의 기압을 항상 측정하고, 공기를 적절하게 주입하는 프로세스가 만들어졌다. 이런 즉석 병원 아이디어는 미국의 야전병원 설립과 관련된 노하우에서 많이 채용되었는데, 미국 육군에서는 이를 매시MASH 유닛이라고 부른다. 국경 없는 의사회에는 이미 이와 관련한 연구만 전담하는 연구자들이 있어 최신 기술을 도입하면서 밤을 지새우고 있다.

따뜻한 의학 기술에는 의사만 중요한 것이 아니다

지진이 일어난 지 2년이 지났지만, 아이티는 여전히 극심한 지진의 후유증을 앓고 있다. 무엇보다 큰 문제는 콜레라이다. 지진이 일어난 이후 1년 간 아이티에서는 콜레라로 1,700명이 넘는 사람들이 목숨을 잃었고, 범미보건기구PAHO, Pan American Health Organization의 보고서에 따르면 2011년 40만 명에 이르는 사람들이 콜레라에 걸릴 것으로 예상했다. 콜레라는 흔히 "가난의 병disease of poverty"으로 불린다. 불결한 위생 상태와 오염된 물로 인해 걷잡을 수 없이 확산되기 때문이다. 아이티 사람들이 생존을 위해 주변의 강이나 시냇물을 받아 마시면서 지속적으로 콜레라가 퍼지고 있다. 콜레라에 걸린 사람들의 설사가 다시 강으로 흘러드는 것을 막지 못한다면 이 전염병은 결국 퇴치할 수 없게 된다.

지진 이후 전 세계의 구호단체들은 도시위생과 관련된 작업을 진행했다. 분변을 비우고 청소를 하는 데 한 사람 당 10달러 이상의 비용이 들었으며, 매일 트럭에 분변을 실어 도시 외곽으로 옮기고 특별한 처리 없이 토양에 버리는 작업에도 수천 달러 이상의 비용이 들어 감당하기 힘든 상태였다.

그렇다면 이런 상황에서 아이티가 가장 필요로 하는 기술은 무엇이었을까? 실제로 아이티를 살린 가장 중요한 기술은 화장실을 만드는 간단한 기술이었다. 이 기술은 SOIL이라는 미국의 사회적 기업에 의해 구현되었는데, 300여 개의 특수 화장실을 이용해 사람의 분변을 모은 뒤 비료로 바꾼다고 한다. 이 과정에서 콜레라를 일으키는 세균과 다른 병원체들이 모두 죽고, 토양을 비옥하게 만들 수 있는 비료가 생성된다. 물론 당장 콜레라를 앓고 있는 환자들을 치료하기 위해 필요한 의료진을 파견하는 것도 중요하며, 무너진 건물을 복구하고, 일자리를 만드는 것도 매우 중요하다. 그러나 새로운 화장실 기술 하나가 일으킨 사회·경제적 가치는 계산할 수 없을 정도다. 그야말로 기적의 화장실이 따로 없다.

휴대전화가 말라리아 진단기기로 쓰인다면?

휴대전화는 아프리카를 포함한 개발도상국에 있어서는 필수품과 같은 가장 중요한 첨단기기이다. 그러므로 휴대전화를 모바일 지불과 같이 가장 중요한 공공 인프라로 활용하는 방법이 오히려 선진국보다 더 유용하게 사용되고 있다. 이처럼 널리 보급된 휴대전화가 이들 국가의 건강을 돌보기 위한 의료기기로서의 역할을 할 수 있다면 얼마나 좋을까?

아프리카 대륙에서는 2만 9,000명에 이르는 5세 이하의 어린이들이 말라리아에 감염되어 매일 목숨을 잃고 있다. 치사율은 15~20퍼센트에 이르며 전체 사망자의 85퍼센트가 5세 이하의 어린이들이다. 문제는 예방적 항생제를 이용하면 그러한 감염을 충분히 예방할 수 있다는 것이다. 이런 상황에서 말라리아를 빨리 진단할 수 있는 기술이 나온다면 많은 도움이 될 것으로 예측되는데, 현재 가장 빠르고 간단하게 진단할 수 있는 방법은 면봉과 시약을 이용한 진단 키트를 사용하는 것이다. 감염된 혈액과 접촉하면 말라리아 항체가 면봉의 색상을 변화시키는 원리로 진단을 하게 되는데, 문제는 이 시약이 매우 불안정하고, 말라리아 감염과 관계없이 색상이 변하는 경우가 많아 유용성이 매우 떨어진다는 것이다. 약 60퍼센트 정도의 검사가 위양성으로 나와 치료받지 않아도 되는 어린이들에게 너무 많은 항생제 투여가 이루어지고 있다. 또한 이렇게 치료받지 않아도 되는 아이에게 처방된 약제는 말라리아 치료의 내성을 키우는 부작용까지 있어 정확한 진단 방법의 중요성은 아무리 강조해도 지나치지 않다.

이런 점에서 라이프렌즈Lifelens라는 휴대전화 응용프로그램을 이용해 말라리아를 정확히 진단하는 기술은 희망적이다. 바늘로 찌른 혈액 한 방울에서 적혈구의 모양을 휴대전화 카메라로 직접 관찰하여 적혈구가 깨졌다거나 말라리아 원충이 보이는 것을 확인할 수 있고, 영상을 통한 3차원 모델링으로 명확하지 않은 시약을 이용하는 방법에 비해 정교한 진단이 가능하다. 휴대전화를 사용할 수 있는 기초적인 지식만 있으면 누구나 라이프렌즈로 말라리아를 검사할 수 있다. 지금은 말라리아 진단에만 초점이 맞추어져 있지만, 간단히 혈액검사를 할 수 있다는 점에서 다양한 용도로 활용될 수 있을 것이다.

우리는 실제로 물건이나 기술을 활용하는 사람들의 필요성과 주변 여건을 고려하지 않고 공급자적 시각으로 개발을 한다. 지금까지 소개한 의학에 활용된 따뜻한 기술에서 가장 중요한 요소는 '첨단성'이나 '기술성'이 아니라 바로 '필요성'이다. 어떤 경우에는 정말 아무것도 아닌 프로세스 하나의 변화나 흔히 보던 것을 부품으로 활용하는 단 하나의 포인트가 커다란 혁신을 일으킬 수 있음을 명심하자. 의학 분야에서도 보다 많은 사람들에게 건강한 삶을 선사할 수 있는 기술의 개발 여지는 무한하다. 지나치게 상업화되고 치료하기 어려운 질병을 치료하는 기술을 연구하는 것도 중요하지만, 그 이상으로 가능한 많은 사람들에게 저렴하면서도 적절한 진단과 치료를 제공함으로써 이들을 건강한 사회로 이끌어 나가는 따뜻한 의학 기술에 대해 좀 더 관심을 가졌으면 하는 바람이다.

2부
역사 속의 따뜻한 기술

송성수(부산대학교 물리교육과 교수)

1967년에 태어나 서울대학교 무기재료공학과를 졸업한 후 동대학원 과학사 및 과학철학 협동과정
에서 석·박사 학위를 취득했다. 한국산업기술평가원ITEP 연구원, 과학기술정책연구원STEPI 부연
구위원, 부산대학교 기초교육원 교수를 거쳤다. 현재 부산대학교 물리교육과 교수로 재직 중이며,
부산대 대학원의 과학기술학 협동과정과 기술사업정책 전공에도 관여하고 있다. 단독 저서로는
《과학기술과 문화가 만날 때》《사람의 역사 기술의 역사》《과학기술과 사회의 접점을 찾아서》《한
권으로 보는 인물과학사》 등이 있으며, 공저로는 《나는 과학자의 길을 갈 테야》《과학기술로 세상
바로 읽기》《한국의 과학문화와 시민사회》 등이 있다.

*3*장
적정기술의 역사적 흐름

따뜻한 기술을 찾아서

역사상 '따뜻한 기술'에는 무엇이 있을까? 얼핏 생각해 보니, 인쇄술, 인공 염료, 백열등, 페니실린 등이 떠오른다. 구텐베르크Johannes Gutenberg의 인쇄술 덕분에 성경이 널리 보급되어 종교개혁이 이루어질 수 있었고, 퍼킨William H.Perkin이 모브mauve라는 인공 염료를 개발함으로써 많은 사람들이 아름다운 색의 옷을 입기 시작하였다. 또한 에디슨Thomas Alva Edison이 백열등을 발명한 이후 가정에서도 환한 불을 밝힐 수 있었으며, 플레밍Alexander Fleming이 페니실린을 발견한 덕분에 제2차 세계대전에 참전한 병사들이 고향으로 무사히 돌아갈 수 있었다.

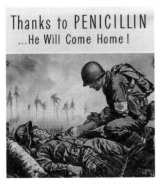

제2차 세계대전 때 제작된 페니실린에 대한 포스터.

그러나 이러한 기술들이 처음부터 '따뜻함'을 염두에 두고 개발된 것은 아니었다. 구텐베르크와 에디슨은 주로 경제적 이익을 얻으려는 목적에서 새로운 기술을 탐색하였고, 퍼킨과 플레밍은 다른 실험을 하는 도중 우연히 새로운 기술의 가능성에 주목했던 것이다. 물론 이러한 기술들이 결과적으로는 많은 사람들에게 따뜻함을 제공해 주기는 했지만, 해당 기술을 개발하는 과정에서는 새로운 기술의 사회적 의미보다 경제적 타산이나 학문적 호기심이 크게 작용했다.

그렇다면 의식적으로 따뜻한 기술을 만들고자 한 사례에는 어떤 것이 있을까? 이에 대한 의견은 분분하겠지만, 필자는 오늘날 '적정기술'로 통칭되고 있는 다양한 시도에 주목하고자 한다. 적정기술은 "고액의 투자가 필요하지 않고, 에너지 사용이 적으며, 누구나 쉽게 배워서 쓸 수 있고, 현지에서 나는 재료를 사용하며, 소규모의 사람들이 모여서 생산이 가능한 기술"이다. 이러한 정의는 한밭대 적정기술연구소가 2009년 9월에 제1회 적정기술 워크숍을 개최하면서 제작한 포스터에서 제안된 바 있다.

적정기술의 선구자

적정기술의 원조로는 인도의 유명한 정치가이자 사상가였던 마하트마 간디Mahatma Gandhi가 꼽힌다. 그의 본명은 모한다스 카람찬드 간디Mohandas Karamchand Gandhi인데, 1918년 인도 국민회의의 지도자 역할을 맡은 것을 전후로 '위대한 영혼'이라는 뜻의 '마하트

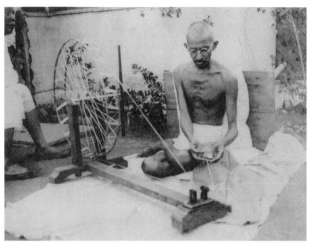

간디는 물레를 돌려 옷을 만들어 입자는 운동을 벌였다. 누구든지 필요한 만큼의 옷을 만들 수 있고, 다른 사람에게 의존할 필요가 없기 때문이었다.

마'로 불리게 되었다. 간디가 차르카charkha라는 물레를 돌리는 사진에서 잘 드러나듯이, 그는 기본적인 삶을 영위할 수 있는 적절한 기술의 중요성에 주목하였다. 간디는 "대량생산mass production이 아니라 오로지 대중에 의한 생산production by the masses만이 세계의 가난한 사람들을 도와줄 수 있다."고 설파했다.

이러한 접근은 '스와데시Swadeshi'라고 불리는 인도의 독특한 전통에서 비롯되었다고 볼 수 있다. 스와데시는 지역의 경제와 자립을 훼손하여 외부에 대한 의존도를 높이는 기술 대신 현지 개개인이 자립할 수 있도록 돕는 기술이 진정한 지역 발전에 도움이 된다는 의미를 담고 있다. 간디가 전통적인 방식으로 옷을 만들어 입는 운동을 벌였던 것도 이러한 맥락에서 이해할 수 있다. 그는 영국이 인도에 이식한 대량생산 기술이 인도인을 특혜를 받는 소수의 사람들과 그렇지 못한 대다수 민중으로 나누면서 빈곤을 영속화한다고 비판했다. 이처럼 간디는 영국의 직물을 도입하는 것이 단기적으로는 편리해 보이지만 결과적으로는 손해가 된다는 점을 간파했던 것이다.

간디가 적정기술의 원조라면, 독일 출신의 영국 경제학자 슈마허Ernst F. Schumacher는 '적정기술의 아버지'라 할 수 있다. 슈마허는 유명한 경제학자인 케인스John M. Keynes와 함께 오랫동안 영국 재무성을 위해 일했으며, 제2차 세계대전 직후에는 독일 경제의 재건을 돕기 위한 영국 기획위원회의 수석위원으로 근무하기도 했다. 슈마허는 1955년 유앤 사절단의 일환으로 버마(현재의 미얀마)를 방문하면서 인생의 전환점을 맞았다. 그는 당시 버마 수상의 자문을 맡아 버마의 경제 상황을 공부하던 중 간디의 철학에 심취했고 제3세계의 빈곤 문제를 다시 보게 되었다. 슈마허는 자신이 알고 있는 서양의 경제학이 제3세계의 빈곤 문제에는 관심 없으며 이를 해결할 수도 없다고 진단했다. 그는 현대를 주도하는 대규모 기술들이 필연적으로 에너지의 과다 소비와 경제적 불평등으로 이어진다고 보았다.

슈마허가 찾은 해법은 '중간기술intermediate technology'이었다. 그는 중간기술을 "서구의 대량생산 기술과 제3세계의 토착 기술의 중간 정도에 해당하는 기술로, 지역 문화나 자연적, 사회적, 경제적 환경에 적합하게 설계되어 누구나 사용할 수 있지만 기존의 토착 기술보다는 생산력이 높은 기술"로 정의했다. 슈마허는 1965

년에 영국에서 중간기술 개발그룹ITDG, Intermediate Technology Development Group(2005년에 Practical Action으로 변경)을 만들어 중간기술 운동을 펼치기 시작했다. 1968년에 열린 ITDG의 회합에서는 중간기술 대신에 '적정기술'이라는 새로운 개념이 채택되었다. 중간기술이 이류 기술과 같은 뉘앙스를 주며 사회적·정치적 의미를 충분히 담아내지 못한다는 것이었다. 이어 1973년에는 슈마허가 '인간 중심의 경제학'이란 부제가 붙은 《작은 것이 아름답다》를 출간했는데, 이 책은 제1차 석유파동과 맞물려 엄청난 반향을 불러일으켰다.

적정기술 운동의 유행과 침체

1960년대 후반과 1970년대에는 적정기술 운동이 전 세계를 휩쓸었다. 제3세계에서는 해당 지역의 사회경제적 문제를 해결하기 위한 유력한 방법으로 적정기술이 주목을 받았고, 선진국에서는 기존 질서에 대항하는 다양한 사회운동이 전개되는 가운데 대안 기술alternative technology을 추구하는 과정에서 적정기술 운동이 탄력을 받았다. 1977년 경제협력개발기구OECD가 발간한 《적정기술 디렉터리Appropriate Technology Directory》는 680개의 조직이 적정기술의 개발과 진흥에 관여하고 있다고 보고했으며, 적정기술 운동이 최고조에 달했던 1980년경에는 적정기술과 관련된 조직이 1,000개를 넘어섰던 것으로 추산되고 있다.

　1970년대에 영국의 루카스 항공은 이후 대안 계획alternative plan

으로 불린 색다른 실험을 시도했다. 루카스 항공의 노동자들은 "기술이 사회에 제공할 수 있는 것과 실제로 제공한 것 사이에는 지금도 엄청난 간격이 존재한다."는 문제의식을 바탕으로 진보적 과학기술자, 사회단체 등과 연합하여 군사 부문에 집중되어 있던 기존의 생산방식을 폐기하고 사회적으로 유용한 생산SUP, socially useful production에 필요한 기술을 개발하는 활동을 전개했다. 그들은 작업장 대표의 모임을 결성한 후 설문 조사를 통해 자신의 목적에 부합하면서 회사가 보유한 물적·인적 자원으로 제작할 수 있는 제품을 기획했다. 여기에는 어린이를 위한 차량, 간이용 생명 구조 체계, 자가 건축용 저에너지 주택, 다목적용 동력계, 가정용 투석기 등이 포함되었다. 이러한 제품들을 설계하고 생산하면서 루카스의 노동자들은 생산과정에서 효율성의 제고와 민주주의의 확산이 양립할 수 있다는 점을 깨달았다. 루카스 항공의 대안 계획은 이후 런던기업위원회Greater London Enterprise Board의 기술 네트워크Technology Network 설립으로 계승되었다.

미국 정부는 적정기술 운동에 더욱 적극적으로 나섰다. 카터 대통령은 1973~1974년의 제1차 석유파동에 대처하여 지역사회행동기구Community Action Agencies와 연계한 일련의 에너지 보존 프로그램을 시작했다. 1976년에는 주 정부와 연방 정부의 차원에서 적정기술에 대한 공식적 기구가 발족했다. 캘리포니아의 브라운 Jerry Brown 주지사가 설립한 적정기술국OAT, Office of Appropriate Technology과 지역사회행동기구를 중심으로 설립된 국립적정기술센터NCAT, National Center for Appropriate Technology가 바로 그것이다.

NCAT는 적정기술을 "쉽게 활용할 수 있는 자원과 숙련을 바탕으로 더 좋은 작업 방법을 찾음으로써 저소득 지역사회의 삶의 질을 향상시키기 위한 것"으로 정의하였다. 1977년에 NCAT는 미 의회로부터 300만 달러의 예산을 지원받았고, 1979년에는 백악관에 태양광 패널이 설치되기도 했다.

그러나 정부 차원의 적정기술 운동은 1980년대에 와서 원점으로 돌아갔다. 미국에서는 1981년에 공화당 정부가 들어서면서 NCAT에 대한 지원을 철회했으며, 캘리포니아 OAT도 주지사가 바뀌면서 문을 닫았다. 영국의 기술 네트워크도 보수당이 집권하면서 1986년에 와해되고 말았다. 이에 대해 유명한 정치철학자이자 기술철학자인 위너Langdon Winner는 미국의 적정기술 운동을 '더 나은 쥐덫 만들기Building the Better Mousetrap'에 비유한 바 있다. 적정기술에 의미를 부여해 주던 정치적 맥락이 사라지면서 적정기술이 총체적인 삶의 방식을 바꾸는 대안으로 받아들여지지 못한 채 기존 질서에서 잠시 도피하기 위한 액세서리나 여가 활동의 수단으로 간주되었다는 것이다.

적정기술의 화려한 부활

정부 차원의 적정기술 운동이 동력을 잃었다고 해서 적정기술 자체가 사라진 것은 아니었다. 적정기술은 1980년대 이후에 몇몇 사회적 기업social enterprise 혹은 비영리 민간단체NPO를 매개로 명맥을 이어 왔으며, 최근에는 '소외된 90퍼센트를 위한 디자인Design

국제개발회사IDE가 개발한 족동식 펌프

for the Other 90%'을 모토로 화려하게 부활하고 있다. 그러한 과정에서 적정기술은 단순히 기술에 국한된 것이 아니라 기술, 디자인, 기업가 정신 등이 복합적으로 요구되는 것으로 변신하고 있다.

1981년에는 캐나다 출신의 미국 정신과 의사 폴락Paul Polak이 적정기술을 기반으로 사업을 전개하는 국제개발기업IDE, International Development Enterprises을 설립했다. 그는 그동안 선의를 가진 서툰 사람들이 적정기술 운동을 이끌어 왔다면, 앞으로는 사회적 기업가 정신을 가진 사람들이 전면에 나서야 한다고 주장했다. 적정기술에 기반을 둔 제품은 4달러를 가지고 하루를 살아가는 극빈층도 구매할 수 있어야 한다는 것이 폴락의 생각이었다.

IDE의 대표작으로는 족동식 펌프treadle pump가 꼽힌다. 가격이 25달러 정도인 족동식 펌프는 그동안 200만 개 이상 판매된 적정기술의 최고 히트 상품이다. 족동식 펌프는 지하수를 끌어 올려 경작지에 물을 공급함으로써 수많은 소농들이 빈곤에서 탈출하는 데 크게 기여했다. 현재 IDE는 프리즘PRISM, Poverty Reduction through Irrigation and Small holder Markets이라는 독특한 모델을 바탕으로 잠재적 수요의 발굴, 수확량의 증가, 신규 사업의 창출 등을 통해 시골의 가난한 사람들이 수입을 증대시키는 것을 돕고 있다.

1991년에는 아프리카 케냐에서 유능한 기계공인 문Nick Moon과 스탠퍼드 대학에서 기계공학박사 학위를 받은 피셔Martin Fisher가 어프로텍ApproTEC(2005년에 Kick Start로 변경)이라는 비영리 기구를 설립했다. 킥 스타트는 제3세계 사람들을 가난에서 빠르고 효과적으로 탈출시킴으로써 세상의 가난과 싸우는 방법을 변화시키는 것을 목적으로 삼고 있다. 킥 스타트의 사업은 시장조사, 신기술 설계, 제조자 교육, 기술 판매, 성과 분석 등의 다섯 단계를 거치는데, 킥 스타트를 매개로 전개되고 있는 사업은 2009년을 기준으로 9만 개에 달한다.

적정기술이 보다 대중적인 관심을 받게 된 계기로는 2007년에 스미스소니언 연구소의 국립 디자인 박물관National Design Museum이 개최한 '소외된 90퍼센트를 위한 디자인'이라는 전시회를 들 수 있다. 지금까지의 디자인이 상위 10퍼센트의 사람들을 위해 이루어져 왔다면, 앞으로는 나머지 90퍼센트의 사람들을 위한 디자인이 필요하다는 의미였다. 그 전시회는 디자인의 관점에서 적정기술을 재해석함으로써 수많은 디자이너와 일반 대중의 호평을 받았고, 장소를 바꾸어가면서 지속적으로 개최되었다. 전시회의 결과물로 발간된 《소외된 90%를 위한 디자인》은 적정기술의 바이블로 평가되며, 우리나라에서도 번역된 바 있다.

지속 가능한 적정기술을 위하여

오늘날 적정기술은 대학에서도 인기 있는 강좌로 부상하고 있다. 2003년부터 MIT의 기계공학과가 운영하고 있는 '디랩D-lab'이 그 대표적인 예다. 그 과목은 학생들이 방학 중에 개발도상국을 방문하여 현지의 문제점을 파악한 후 학기 중에 그것을 공학적으로 해결하기 위한 설계를 시도해 보는 식으로 운영되고 있다. 이와 유사하게 스탠퍼드 대학은 2005년부터 '누구나 사용할 수 있는 제품 개발을 위한 기업가적 디자인Entrepreneurial Design for Extreme Affordability'이라는 대학원 과목을 개설하고 있다.

최근에는 우리나라에서도 적정기술에 대한 열기가 고조되고 있다. 팀앤팀(www.teamandteam.org)을 필두로 대안기술센터(www.atcenter.org), 나눔과기술(www.stiweb.org), 국경 없는 과학기술연구회(www.sewb.org) 등의 단체가 조직되어 적정기술의 탐색과 보급을 위한 활동을 활발히 전개하고 있다. 또한 한밭대와 한동대를 중심으로 적정기술에 대한 교육과정이 운영되고 있으며, 전국의 공과대학 학생을 대상으로 '소외된 90퍼센트를 위한 공학설계 아카데미'와 '소외된 90퍼센트를 위한 공학설계 경진대회'가 매년 개최되고 있다.

적정기술은 그동안 제대로 수행되지 못한 기술에 대한 관심을 제고하고 기술을 보다 따뜻한 것으로 변화시키려 한다는 중요한 의미를 담고 있다. 그렇다면 적정기술은 어느 정도의 지속 가능성을 보여 줄 수 있을까? 사회적으로 유용한 기술이 왜 오랫동안 수행되지 못한 채 방치되어 왔을까? 적정기술의 수혜자들은 소득이 증가했을 때에도 적정기술을 계속 사용할 수 있을까? … 이러한 질문들을 제기하다 보면, 적정기술에 대한 전망은 우리가 지향하는 사회의 모습이 무엇인가에 대한 논의를 필요로 한다는 점을 알수 있다. 기술은 단순한 도구가 아니라 우리의 사고와 삶의 방식에 깊이 연관된 정치적 특성을 가지고 있는 것이다.

참고문헌 ————————————

■ 《적정기술이란 무엇인가: 세상을 바꾸는 희망의 기술》, 김정태·홍성욱, 살림, 2011.
■ 《적정기술: 36.5도의 과학기술》, 나눔과기술, 허원미디어, 2011.
■ 《길을 묻는 테크놀로지》, 랭던 위너, 손화철 역, 씨아이알, 4장, 2010.
■ 《소외된 90%를 위한 디자인》, 스미스소니언 연구소, 허성용·허영란 역, 에딧더월드, 2010.
■ 《작은 것이 아름답다》, 에른스트 슈마허, 이상호 역, 문예출판사, 2002.
■ 《과학기술과 사회: 새로운 방향》, 앤드루 웹스터, 김환석·송성수 역, 한울, 5장, 2002.
■ 〈적정기술〉, 한밭대학교 적정기술연구소, 발간호, 2009.

남문현(건국대학교 명예교수)

연세대학교에서 전기·제어·바이오공학으로 학부와 대학원 졸업했다. 미국 캘리포니아 대학교 버클리 캠퍼스의 스타크Stark신경학 연구실에서 신경공학을 연구하였고, 건국대 전기공학과에서 교육·연구·봉사, 자격루 복원을 위해 시간 측정 역사를 연구했으며, 토머스 에디슨을 연구하다가 고종 시대 우리나라 전력·조명 사업을 복원하였다. 건국대 한국기술사연구소와 (사)자격루연구회의 소속 연구원으로 팀을 구성하여 전근대 동아시아 최우수 자동시보 물시계인 자격루 복원을 정부 용역 사업으로 주도하였으며, 2007년부터 국립고궁박물관에 전시되었다. 우리 역사상의 과학적, 공학적 연구는 한국 역사학계에 남긴 독특한 성과일 뿐만 아니라 한국학의 융합적이고 복합적인 지향성을 보여 준 값진 결과라는 평을 받고 있다. 《한국의 물시계》(건국대출판부, 제36회 한국출판문화상 저술상, 1995) 《장영실과 자격루》(서울대출판부, 2002) 《전통 속의 첨단 공학기술》(김영사, 2002) 등을 저술하였으며, '청출어람'의 한국과학기술사'를 엮어 대중과 더불어 공유하기 위해 틈틈이 글을 쓰고 있다. 문화재위원회 위원(2003~2009), 건국대 명예교수, (사)자격루연구회 이사장으로 재직하고, 제32회 외솔상을 수상하면서 한글 사랑의 길을 걷고 있다.

디지털 시대의 전통 기술

인터넷과 SNS의 확산에 따라 우리 고유문화를 존중하고 보존하는 일은 어느 때보다 중요해졌다.[1] 전통 과학기술과 선진 과학기술의 조화로운 융합 내지 발전은 21세기 정보 지식사회에서 하나의 어젠다로 떠오른 지 이미 오래다. 제어·바이오 공학자였던 필자는 1980년대 초부터 조선조 세종 시대에 궁중기사장인 장영실蔣英實이 발명해 150여 년간 조선조의 표준시계로 사용된 자격루를 대상으로 자동제어장치의 기원을 찾아 나섰다. 그간의 복원 연구를 바탕으로 2004년부터는 문화재청이 국립고궁박물관 개관을 기념해 추진한 자격루 복원·제작 사업을 정부 용역 사업으로 주도하여 자

---

1 문화재 소재 파악과 소개를 위한 '앙부일구'와 같은 모바일 앱이 나와 있으며, 문화재청은 최근 '한국 문화유산Korean Heritage'의 스마트폰 앱을 개발하여 서비스하고 있다.

격루가 발명된 지 570여 년 만에 옛 모습을 되찾는데 일조했다. 이 과정에서 과학사가 또 하나의 전공으로 추가되었다. 애초에 '자격루를 제작하는 데 적용된 지식은 과학기술에서 연유했겠지만 모두는 아니었을 것'이라는 생각이 또 하나의 전공을 갖게 된 이유라면 이유였다. 실제로 복원 과정에서 인문학자·공학자·무형문화재 기능보유자·예술가·민속학자 등이 참여해 조선 초기의 과학기술과 문화 양식에 관한 전문 지식을 제공해 줌으로써 비로소 옛 모습을 재현할 수 있었다. 과학기술 만능 시대에 살고 있는 우리는 "기술의 산물은 모두 과학 지식에서 비롯되었다."고 생각한다. 물론 과학의 영향을 받은 것은 분명하지만, 한편으로 보면 기술자의 몫인 기계의 구조설계와 운영 이외에 형태나 크기, 겉모습 등은 인문·사회학자, 예술가, 기능인, 발명가에 의한 비과학적인 사고 양식을 통해 결정된다. 더구나 기술자들이 고려하는 대상들의 여러 가지 특성과 특질들은 분명한 언어로 설명될 수만은 없고, 시각적이고 비언어적인 과정에 의해 정신적으로 다뤄져야 하는 일종의 심안心眼도 필요하며, 이러한 믿음은 자격루에 대한 연구를 거듭할수록 더욱 절실해지고 있다.

최근 필자는 자격루 복원에서 얻은 경험을 바탕으로 전통과 현대 과학기술의 조화를 통한 융합의 가능성을 시도하고 있다. 2년 전 우연한 기회에 자격루의 역사적 가치를 높이 평가해 온 동료 역사학자로부터 디지털 시대에 걸맞은 자격루를 한번 만들어 보라는 제안을 받은 적이 있다. 다시 말해 '디지털 자격루'를 만들어 보라는 것이었다. 자격루는 시간을 재는 물 항아리에 물이 흘러들면 그 안에 띄운 잣대가 떠오르면서 시보 시점에 맞추어 저장된 작은 구슬을 방출하고, 이것이 다시 시보 장치를 작동시키기 위해 저장된 큰 구슬을 방출시킴으로써 종과 북, 징을 울리고 '몇 시'인가를 알리는 12지신 인형을 들어 보여 시각을 알리는 시계이다. 물론 디지털 기술을 적용해 이러한 기능을 대체한다는 것이 가능할 수는 있겠지만, 자격루가 갖고 있는 원래의 의미를 상실하지 않을까 우려해 감히 시도조차 해 보지 않았었다.

자격루가 성공적으로 복원되어 그 가치를 알리고 있는 시점에서 600여 년 전 동·서 아시아의 시계 제작 기술을 융합해 탄생된 자격루를 또다시 디지털 기술과 접목시켜 새로운 계시기計時機, time-keeper를 창작해 보는 것이 앞으로 우리 전통 과학기술을 새롭게 해석하고 발굴하는 데 중요한 계기가 될 수 있을 것이라는 믿음에서 그 제안을 받아들이고 곧바로 '디지털 자격루' 디자인에 착수했다. 오래전에 본 런던 웨스트민스터 사원의 탑시계인 빅벤[2]과 햄튼궁의 천문시계[3]를 떠올리며 둥근 시반時盤을 갖는 벽시계나 탑시계를 개발하기로 마음먹고, 이런 종류의 시계를 실제로 제작하는 것이 가능한지 대형 벽시계를 만드는 업체를 찾아 상의했다. 기술진들과 상의해 보니 설계 사양이 결정되면 시계 기술과 디스플레이 기술을 활용한 하드웨어 설계는 가능할 것 같았다. 이렇게 시작된

....

2 Big Ben of Westminster, London. 1859년 5월 31일 시종하였으며, 시반의 지름은 7미터이다. 2009년에 150주년을 맞았다.

3 Henry VIII Hampton Court Astronomical Clock. 이 천문시계는 2007년 해체해 복구하였으며, 사우스 켄싱턴의 과학박물관에서 모형을 제작했다.

[그림 1] 디지털 자격루

자격루의 현대화 작업은 [그림 1][4]과 같은 '디지털 자격루'로 모습을 드러냈다.[5] 시연은 호평 속에 막을 내렸다.

이 글에서는 한국의 대표적인 해시계 모델인 앙부일귀仰釜日晷와 물시계 모델인 자격루自擊漏 등을 활용해 '디지털 자격루'를 디자인한 배경과 설계 과정을 소개하고, 아울러 전통 기술과 현대 기술의 융합을 모색하는 방안에 대하여 논의해 보기로 하겠다.

....

4 시반에는 조선 후기의 시제인 1일 12시 96각법에 따라 12시진환十二時辰環, 초정환初正環, 각환刻環과 분환分環을 새기고 맨 바깥 환에 현대의 시간 눈금인 24시간환二十四時間環을 두었다. 시간의 경과는 12시진환, 초정환과 각환 눈금에 여러 가지 색깔로 연속으로 표시되어 매일 자정子正이 되면 황·청·적 3색의 원형 고리를 형성한다. 현재 시간은 디지털로 표시되며, 한 시간(또는 정해진 시간)마다 시보 종을 울린다. 기계적으로 가동되는 시침은 앙부일귀의 영침을 모사한 것으로, 시간의 상징인 태극 문양과 함께 시반을 1일에 1회전한다. 태극 좌우의 보시창에는 12시 보시 인형이 매시진의 시작과 함께 차례대로 나타나며, 자子시부터 사巳시까지는 오른쪽 창에, 오午시부터 해亥시까지는 왼쪽 창에 나타난다. 시반 좌우의 용무늬가 새겨진 물 항아리는 1주야에 하나씩만 매일 오정부터 채워지며, 물이 주입되어 수위가 증가하는 것(과 배수하는 것)을 시각적으로 디스플레이하여 시간의 경과를 나타낸다.
5 특허출원 제10-2010-0139845호.

관상수시의 과학

시간을 측정하려면 해와 달, 지구와 별들의 운행이 두루 고려되어야 한다. 천체 운행을 관찰해 자연현상의 규칙을 찾고 이것을 일상생활에 활용할 수 있도록 역서曆書를 만드는 일을 역상曆象 또는 관상觀象이라 한다. 역서를 바탕으로 항성과 지구의 자전운동, 태양과 지구의 공전운동을 활용하여 시간을 측정하고, 계시기를 만든다. 일반적으로 물시계는 낮과 밤이 교대되는 지구의 자전운동과 물의 흐름을 일치시켜 만드는 것이 보통이며, 해시계는 지구의 공전운동에 입각해 태양의 운동을 정량적으로 표시하여 만든다. 이처럼 천체 현상을 관찰하여 농사지을 시기를 결정하고 시계를 만들어 시간을 알려 주는 것을 수시授時라 하는데, 이는 동서양을 막론하고 오랜 역사와 전통을 갖고 있다.[6]

조선조 세종 시대에는 중국의 《수시력授時曆》을 한양(서울)의 북극고도(지리상의 위도)에 맞춰 교정해 우리나라 최초의 본국력本國曆인 《칠정산七政算》이라는 역법曆法을 만들고,[7] 《칠정산내편七政算內篇》을 바탕으로 한양(서울)의 해돋이와 해넘이 시각을 결정하고 이에 따라 생활했으며, 또한 여러 가지 천문관측의기와 시계도 제작했다. 한국 해시계의 가장 뛰어난 모델이라 할 수 있는 앙부일귀, 한국 과

....

6 우리나라에서는 현재 한국천문연구원에서 매년 발행하는 역서를 기본으로 민간에서 달력을 만든다. 표준 시간 시보도 예부터 전해 오는 수시의 전통이다.

7 명나라와의 사대 관계로 황제가 만든 역서를 받아다 써야 했으므로 '역'이라는 이름 대신 '산'이라고 불렀다. 《칠정산》은 《수시력》을 바탕으로 만든 내편內篇과 《회회력回回曆》을 바탕으로 만든 외편外篇으로 구성되며, 세종 24년(1442년)에 이순지李純之와 김담金淡이 편찬했다.

학사의 아이콘이라 할 수 있는 자격루, 낮에는 햇빛으로 태양시를, 밤에는 항성恒星으로 항성시를 측정해 시각을 결정하는 일성정시의 日星定時儀도 이때 제작된 것이다.[8] 이러한 시계들은 궁중 기술자와 장인들, 그리고 집현전 학사들이 협력하여 중국 송·원대의 역사서를 연구한 끝에 개발·제작된 것으로 과학성과 실용성이 두드러진다는 평가를 받고 있다. 해시계와 물시계는 시계를 가질 수 없었던 백성들에게 시간의 중요성을 깨우쳐 주는 데 큰 역할을 했다.

백성을 생각하는 따뜻한 기술

-고대 아시아 시계 기술의 융합: 자격루

'디지털 자격루' 디자인의 배경이 된 자격루와 앙부일귀에 관한 기술적 특성과 이것이 갖는 이미지를 살펴보기로 하자.

덕수궁 광명문 안에는 우리가 얼마 전까지 써 왔던 만 원권 지폐의 '물시계' 그림의 원본인 국보 제229호 '보루각 자격루'가 전시돼 있다([그림 2][9] 참조). 중종 31년(1536년)에 창덕궁에도 새로 보루각을 열면서 경복궁 보루각의 자격루를 복제해 설치했는데, 경

....

8 이는 세종이 1432년부터 1438년까지 추진한 간의대(천문대 이름이며 관측대)를 건립하는 사업의 소산이다. 이 의기에 대해서는 김돈金墩이 지은 〈간의대기簡儀臺記〉(《세종실록》 77권, 4월 갑술)에 상세하게 나와 있다.

9 하단에 두 개의 용이 조각된 원통은 중단의 물 항아리로부터 주입된 물을 받는 항아리 수수용호受水龍壺이다.

복궁의 것은 임진왜란 중 소실되었고 창덕궁의 것은 남아 조선조 말인 1895년까지 표준시계로서 사용되었다. 덕수궁에 전시되어 있는 것이 그 유물이다. [그림 2]에서 보다시피 용이 조각된 기둥처럼 보이는 두 개의 물 항아리는 그 안에 시간 눈금을 새긴 잣대가 있어 상단에 배치된 물 항아리에서 물이 흘러들어 오면 잣대가 떠올라 관리자가 시간을 측정하게 해 준다. 용신이 조각되어 있

[그림 2] 대한민국 국보 제229호 보루각 자격루 (덕수궁 소장).

어 수수용호受水龍壺라고도 부른다.[10] 각각의 항아리에 1일 동안 물을 주입하여 각각 24시간을 측정하는데, 하루씩 번갈아 사용하기 위해 두 개를 만들었다.[11] 두 개의 시간 측정 항아리를 교대로 사용하는 방식은 장영실이 발명한 자격루의 특징이며, 세계에서 유례를 찾을 수 없는 독창적인 것이다. 조각의 예술적인 아름다움은 차치하고라도, 바다에서 구름 속으로 요동치며 솟구치는 용은 자격루의 모습을 나타내는 이미지가 된다.

....

10 다섯 개의 발톱이 달린 이 운룡雲龍은 시간을 창안하는 임금이 관상수시의 주재자임을 상징한다.

11 한 개만 사용한다면 가득한 물을 빼내는 동안에는 시간을 측정할 수 없다. 대부분의 물시계는 시간을 재는 계량호가 한 개다. 두 개를 사용하는 방식은 마치 태엽이 두 개인 시계로 시간을 측정하는 원리와 비슷하다.

[그림 3] 백각환(조선 초기의 일성정시의 부품. 지름 40 센티미터, 전상운 소장).

조선 초기에는 1주야를 1일로 정하고 이것을 12등분하여 12시로 나누며, 또 매시를 8과 1/3각으로 분배하는 12시 100각법十二時一百刻法[12]과 아울러 하룻밤을 5등분하여 5경으로 나누고, 매경을 다시 5등분하여 5점으로 나누는 경점법更點法으로 2원화시킨 시제時制를 사용했다. 따라서 시보의 기본이 되는 12시時, 매시의 초初(전반부)와 정正(후반부), 초와 정의 각刻, 그리고 각을 6이나 12등분한 분分의 눈금을 물시계 잣대와 해시계나 별시계의 시반에 새겼다. [그림 3][13]은 12시 100각법에 따라 눈금을 새긴 백각환百刻環이며, 일성정시의의 부품으로 알려진 유물이다. 이 눈금을 오시午時의 중앙부인 오정午正 시점에서 절단해 직선으로 만들고 경점 눈금을 추가하면 물시계의 잣대가 된다.

자격루는 시보 시점마다 물시계에서 방출된 탄알만한 작은 구

....

12 12시 100각 눈금을 새긴 것으로 현재 남아 있는 것은 가야산 해인사 소장의 현주일귀懸珠日晷 시반, 전상운 소장 백각환([그림 3]), 성종 대에 제작한 일성정시의 백각환 등이 있으며, 이것을 바탕으로 그린 모델인 남문현의 《한국의 물시계》 193쪽, 12지시와 백각 모델 도면을 참조하기 바란다.

13 원둘레를 12등분하여 12시로 나눈 12개 시時 눈금 구간을 맨 안쪽에 새기고, 바깥쪽으로 나오며 매시 초와 정 24개 구간 24개, 각각 4각씩 매긴 초와 정의 각 눈금, 1각刻을 6등분한 분分 눈금의 순서로 눈금을 은입사銀入絲로 매겼다.

리 구슬이 보시 기구를 작동시키기 위해 저장된 달걀만한 큰 쇠구슬을 방출시키면 인형 로봇이 종·북·징을 울려 시보를 하는 계시기이다. 매시마다 시를 맡은 인형 로봇이 종을 한 번씩 울림과 동시에 해당되는 시의 이름이 적힌 시패時牌를 잡은 12개의 보시 인형 로봇 가운데 하나가 보시창報時窓에 나타나 1시진一時辰, 즉 현대의 두 시간씩 머물게 한다.[14] 1시진이 경과하면 다시 종이 한 번 울리고 먼저 머물던 보시 인형 로봇은 새로운 시의 인형 로봇과 교체된다. 시를 알리는 방식은 곧 종소리와 시패 전시인데, 종소리 한 번으로는 '몇 시what time is it?'인지를 알 수 없기 때문에 '몇 시'라는 것을 시패로 알려 주어야 한다. 야간에는 경을 맡은 인형 로봇이 매경마다 경의 숫자대로 북을 울리고, 점을 맡은 인형 로봇이 매점마다 점의 숫자대로 징을 울린다. 조선 후기《시헌력時憲曆》을 사용하면서부터 시제는 1일 12시 100각법에서 1일 12시 96각법으로 바뀌었다. 영국의 과학사학자 조셉 니덤Joseph Needham은 자격루에 'Striking Clepsydra'라는 학명을 붙였으며, 이는 세계적으로 통용되고 있다.[15] 보루각 자격루(원래 이름은 자격궁루自擊宮漏)는 복원되어 2007년 11월 28일부터 국립고궁박물관에서 예전 방식대로 시간을 알리고 있다.[16]

....

14 1주야는 12시十二時이며, 1시진은 현대의 두 시간에 해당된다. 12시의 명칭은 십이지十二支 동물의 이름에서 따온 것으로 子(쥐)·丑(소)·寅(호랑이)·卯(토끼)·辰(용)·巳(뱀)·午(말)·未(양)·申(원숭이)·酉(닭)·戌(개)·亥(돼지)시이다.

15 *The Hall of Heavenly Records*: Korean astronomical instruments and clocks, 1380-1780, Joseph Needham, et al., London Cambridge University Press, 1986.

16 〈자격루 복원 과정과 의의〉, 서준, 고궁문화(국립고궁박물관), 창간호, 92-134, 2007 등.

[그림 4] (좌) 위에서 내려다 본 앙부일귀. (우) 동남향으로 세워진 앙부일귀(성신여자대학교 박물관 소장, 청동제, 18세기에 제작된 것으로 추정. 지름 24.3·높이 12.1센티미터).

이는 세종이 보루각 자격루를 창제한 지 570여 년 만의 일이었다.[17]

조선 시대에 실용화에 성공: 앙부일귀

〈간의대기簡儀臺記〉는 "백성들이 시간을 아는 데 우매함을 염려하여 앙부일귀 두 개를 만들었는데, 안쪽에는 시신時神을 그려 넣어 어리석은 백성들이 쉽게 시각을 알아내기를 바랐다. 하나는 혜정교[18] 옆에 다른 하나는 종묘의 남쪽 거리에 놓았다."고 앙부일귀의 제작 시말을 알려 주고 있다.[19] 또한 김돈金墩은 〈앙부일귀명仰釜日

----

17 자격루에 대한 보다 자세한 내용은 http://blog.naver.com/fpcp2010/110128240544를 참조하기 바란다.

18 삼청동에서 흘러내리는 중학천과 운종가가 만나는 곳에 놓인 다리. 조선 시대에는 현재 종로구 서린동 근처를 해시계를 놓은 동네라 하여 중부서린방일영대계中部瑞隣坊日影臺契라 불렀다.

19 《세종실록》77권(세종 19년 4월 갑술). 〈간의대기〉도 〈보루각기〉와 함께 김돈이 지었다.

룸銘)[20]에서 보다 구체적으로 구조와 제작법을 기술했다. 이 가운데 일부를 인용하면 "극축의 남방에 둥근 며느리발톱을 북극을 향하여 설치하였다. … 도수를 그 안에 새겼는데 하늘 둘레의 반이다. … 시각 눈금 또렷한 위에 해그림자가 명백하다. … 이제야 처음으로 이것 만들어진 줄 백성들이 알게 되었다."고 하여 며느리발톱 모양의 송곳, 곧 영침影針을 남

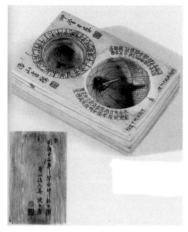

[그림 5] 수제 앙부일귀(경기도박물관 소장).

쪽(남극)에 꽂아 시반에 그림자가 뚜렷하게 드리우도록 했다고 설명했다. 곧 이 시계들은 공용이었지만 시계를 가질 수 없었던 백성들에게 시간의 중요성을 알게 해 주었으며, 조정은 이때부터 민간에서도 해시계를 만들 수 있도록 배려했다. 이것이 조선 시대 백성의 시계 모델로서 앙부일귀가 자리 잡은 연유이다. 세종 때 만든 앙부일귀는 지금은 남아 있지 않아 정확한 구조를 알 수 없지만[21] 이것의 후예들은 많이 남아 있다.

19세기 후반에서 20세기 초반 강윤姜潤과 강건姜湕 형제의 가문에서 만든 휴대용 앙부일귀는 궁중 등에서 애용되었으며 중국에

....

20 《증보문헌비고》상위고, 2권, 25쪽. 같은 내용이 《국조역상고》 3권, 17쪽에도 나온다.

21 시신을 그려 넣은 앙부일귀 복원품은 현재 건국대학교 박물관에 소장돼 있다(《전통과학기기의 복원 기술개발》, 남문현 등, 과학기술처, 1995, 1996 참조).

까지 알려질 만큼 명품 시계였다([그림 5][22] 참조). 이미 조선 시대에 실용화에 성공한 해시계 모델이며 오늘날에도 많은 복제품이 제작되어 보급되고 있다.

앙부일귀는 오목한 반구半球 안에 해그림자를 받는 수영면受影面에 새긴 시반 눈금, 해의 운동을 그림자로 드리워 주는 영침과 반구 위에 붙인 지평환地平環으로 구성된다. 영침은 서울의 북극 고도인 37도 39분 15초만큼 내려간 지점인 남극에서 북극을 향해 꽂혀 있으며 영침의 끝은 반구형 주둥이의 중앙에 위치한다([그림 4][23] 참조). 반구는 십자로 파 놓은 물홈 위에 세운 4개의 용龍기둥이 받치고 있다. 시반에는 12시에 맞춰 12개의 경선經線을 긋고 인寅시부터 술戌시까지 9개 시의 이름을 새긴다. 매시의 초와 정을 각각 4등분하여 경선을 긋는다.[24] 또한 가로로 13개의 위선緯線을 긋고 이 선들이 연장된 지평환 평면의 동측(우측)에는 북上으로부터 동지冬至에서 하지夏至까지, 서쪽(좌측)에는 남下으로부터 하지에서 동지에 이르기까지 절기선을 표시한다([그림 4]와 [그림 5] 참조). 불꽃을 형상화한 영침의 끝이 드리우는 그림자는 일출에서 일몰에 이르는 시간동안 서左에서 동右으로 이동(시계 방향, clockwise)한다.

....

22 위쪽은 24방위가 표시된 나침반이며, 침은 유실되었다. 아래쪽은 앙부일귀로 지평환 면에 새긴 24절기 이름이 선명하다. 뒷면에는 '同治十二年癸酉中秋下瀞晉山後人姜健手製'라는 명문이 새겨있다. 1873년 강건이 제작한 명품으로 실용화된 앙부일귀의 대표작이다.

23 정면의 용을 조각한 기둥은 별운鼈雲의 머리와 더불어 절제된 미를 나타낸다. 궁중에서 사용했던 것으로 역대 앙부일귀 가운데 가장 빼어난 아름다움을 보여 주는 과학 문화재이다.

24 세종 시대에 만든 앙부일귀는 12시 100각법에 따른 눈금을 새겼을 것으로 추정되나, 현재 남아 있는 것들은 12시 96각법에 따라 눈금을 매겼다.

동짓날에는 맨 위의 위선, 곧 동지선에 머물다가 날이 지나면서 아래南로 이동하여 하지에는 맨 아래 위선, 곧 하지선에 머문다. 일곱 번째 위선이 춘·추분선이다. 해그림자가 가장 긴 동짓날부터 시작하여 가장 짧은 하짓날까지 내려오면 한 해의 반이 지났다는 것을 뜻하며, 다시 하짓날부터 시작하여 동짓날까지 위北로 올라오면 1년이 지난다. 즉 해그림자는 시각선과 절기선 위를 이동하므로 연중의 절기와 시각을 동시에 알 수 있다(이 간격을 세분하면 날짜도 알 수 있다). 앙부일귀는 말하자면 적도식 만능 달력 시계equatorial universal calendar dial이다. 현재 남아 있는 중·대형 앙부일귀에는 모든 글자와 눈금선이 은입사銀入絲되어 있다([그림 4] 참조).

물시계와 해시계의 궁합 보기

〈앙부일귀명〉에 "무릇 가설하여 베푸는 것 가운데 시간만큼 중요한 것은 없다. 밤에는 물시계更漏가 있어서 시간을 알 수 있지만 낮에는 알기 어려웠다."고 한 구절과 〈보루각명報漏閣銘〉에 "이루시고 보필하여, 해시계와 물시계를 만드셨다."고 말한 구절은 해시계와 물시계의 상보성相補性을 내포하고 있다. 즉 물시계를 오정부터 가동하려면 오정을 알아내는 해시계가 있어야 했다. 따라서 자격루는 앙부일귀 또는 일성정시의와 같은 해시계의 기능을 십분 활용해 운영했다. 그렇기에 앙부일귀의 구성 요소를 선택하여 '디지털 자격루'의 디자인에 활용하는 것은 아주 자연스러운 일이다. 어찌 보면 자격루와 앙부일귀는 궁합이 잘 맞는 한 쌍이라 할 수 있다.

디자인을 위한 구성 요소를 먼저 〈보루각기報漏閣記〉에서 뽑아 특성화시켜 보기로 하자.[25] ① "음양이 번갈아 돌아 낮과 밤이 바뀌고"에서 음양을 특성화한다. 선사시대부터 우리는 해와 달과 별을 보고 시간을 알아냈으며, 일월은 음양의 상징으로서 훗날 태극 문양으로 발전되었다. 또한 일월은 시간 측정의 기원이다. ② "용무늬가 조각된 수수호가 두 개인데, 물을 바꿀 때 번갈아 쓴다."에서 두 개의 수수용호를 특성화한다. 시간의 경과로 1주야가 지났음을 알려 주는 것을 두 개의 물 항아리를 채우고 비우는 데서 찾을 수 있다. ③ "잣대의 앞면에는 12시 100각 눈금을 새겼고, 매시는 8각과 더불어 초와 정의 여분을 아울러 백각이 되며, 1각을 12등분하였다."에서 12시 100각, 초와 정, 8각과 더불어 1각을 12등분한 잣대의 눈금을 특성화한다. 이렇게 만든 눈금은 [그림 3]의 것과 동일한 것이며, 이 눈금에서 초와 정의 '여분'을 삭제하고, 삭제한 부분을 초·1·2·3각에 고루 분배하면 1각이 15등분되어 조선 후기는 물론 현대에도 적용되는 12시 96각이 된다.[26] ④ "3개의 신상神像을 세우되, 그중 하나는 시를 맡아 종을 울리고, 하나는 경을 맡아 북을 울리고, 하나는 점을 맡아 징을 울린다 ··· 바퀴 둘레에 차례로 십이지신상十二支神像을 벌려 세웠는데 ··· 각각 12개의 시 이름이 적힌 팻말을 잡고, 차

<hr />

25 《세종실록》 65권, 7월 병자의 첫 번 기사는 김돈이 지은 〈보루각기〉와 김빈金鑌이 지은 〈보루각명〉인데, 기記는 자격궁루의 구조와 원리, 기능과 작동 등을, 명銘은 관상수시의 중요성, 우리나라 물시계의 연혁, 새 물시계의 놀라운 성능, 시간 관리와 국가 발전, 보루각의 운영과 시보 방법 등을 기록한 것이다.
26 경점 눈금은 선택 사항으로 남겨 둔다. 따라서 디자인에서는 12시 96각 눈금만 사용했다.

례로 시를 알린다."에서 매시를 알리는 종을 울리고 아울러 해당되는 시진의 시패를 디스플레이한다.[27] ⑤ "귀신이 하는 것 같아, 보는 이마다 탄식하였다."에서 현대의 첨단 기술을 사용한다.

또한 〈앙부일귀명〉에서 "극축의 남방에 둥근 며느리발톱을 북극을 향하여 설치하였다."라고 말한 둥근 며느리발톱 모양의 바늘, 곧 영침을 특성화한다.

결국, '디지털 자격루'의 기본 디자인에 필요한 시반 구성 요소는 보루각 자격루([그림 2]), 조선 초기 백각환([그림 3]), 앙부일귀([그림 4])에서 추출되어 디자인에 반영되었다. 시반을 중앙에 배치하고, 이것의 양편에는 수수용호 두 개를 형상화해 설치하는 시안이 만들어졌다. 태극 문양과 더불어 사방을 지키는 4신四神 문양을 사방에 배치하는 안도 고려해 보았다. 이것은 또 하나의 자격루인 흠경각루에 나오는 4신을 고려해서였다.[28] 시반 설계를 위해 국내외 중·근세 벽시계나 탑시계 가운데 서울역 파발마擺撥馬, 1540년 영국의 헨리 8세 때 만든 햄튼 궁의 천문시계와 빅벤 등을 참고했다. 햄튼 궁의 시계는 중세의 시계로서 시침이 하나이며, 하루에 1회전한다. 빅벤의 시반 조각, 시각 눈금이나 시·분침은 매우 간결하면서도 아름다우며, 야간에는 시반 안에 조명을 비춰 멀리서도 시계를 볼 수 있다.

....

27 경점에 북과 징을 울리는 과정은 선택 사항으로 남겨 둔다. 매시에 종을 울리고 시신이 교체되는 과정만 사용했다.
28 흠경각루欽敬閣漏는 장영실이 1437년에 발명한 천문시계로 경복궁 안에 흠경각을 짓고 그 안에 시계를 설치하였다.

설계 사양과 개요

위에서 얻은 자료를 바탕으로 설계 사양을 다음과 같이 결정했다.

1) 시반의 눈금은 조선 초기 《칠정산내편》의 시제인 12시 100각법을 지양하고, 《시헌력》에서 채용한 12시 96각법에 따라 만든다.

2) 한 개의 시침이 시반을 하루에 1회전하도록 시반과 가동부movement를 만든다.

3) 가동부의 축은 태극 문양 판에 접속시키고, 앙부일귀의 영침을 활용하여 시침을 제작해 영침에 부착한 다음 함께 회전하도록 만든다.

4) 매시가 시작되는 시점에 해당되는 12지신상이 교체되어 그 시가 경과할 때까지 보시창에 머물도록 한다.

5) 시반의 양쪽에 자격루의 수수용호를 형상화해 설치하고, 하나의 항아리에 하루 동안 물이 차는 형상을 시각화한다. 사용된 항아리는 다음 날 교체하도록 한다.

6) 매시의 시작마다 시보 종을 울리도록 한다.

7) 현재의 시각은 해당되는 눈금 간격에 색깔로 표시하고 시간의 경과를 누적해 시각화하며, 동시에 디지털로 시반에 표시한다.

8) 야간의 경점 시각은 디스플레이를 이용해 표시하고, 경점의 숫자대로 북과 징 소리를 울린다(선택 사항).

9) 기타 시계로서 구비해야 할 요건을 갖추도록 한다.

10) 시계, 디자인, 색채, 기계, 전자 분야 전문가의 자문 결과를 반영한다.

이와 같은 설계 사양에 따라 작성된 디자인이 [그림 1]이다.

이 시안의 중요한 항목은 위에서 고찰한 대로 사양에 반영했으며, 중요 항목은 다음과 같다.

1) '디지털 자격루' 시반의 좌우측에는 [그림 2]에 보이는 두 개의 수수용호를 설치했다. 물을 사용할 수 없으므로 디스플레이 기법을 활용하여 항아리에 물이 차오르거나 빠지는 형상을 시각화했다. 시반 좌측의 항아리에는 물시계가 가동되는 첫날 오정부터 물이 주입되기 시작해 다음 날 오정까지 물이 흘러 들어가고, 우측의 것은 다음 날 오정부터 물이 주입되도록 시각적으로 디스플레이해 자격루의 특징을 구현했다.

2) 96각법에서 1각은 현대의 15분이며, 한 시간은 15분quarter이 4개로 이루어지는 4각刻 24개가 모인 것으로(96각×15분=24시간) 실제로 현대와 동일한 시각법이라 할 수 있어 '디지털 자격루'의 시각 눈금으로 채용했다. 그러나 시의 이름은 자子, 축丑, 인寅, 묘卯 등으로 나타내었다. 매시는 초와 정으로 나누고, 초와 정은 각각 4각으로, 매각은 15분이지만 5분 눈금으로 3등분했으며, 현대의 시각은 0, 3, 6 등과 같이 아라비아 숫자로 표시했다([그림 1] 참조). 이렇게 함으로써 고대와 현대의 시각을 동시에 읽을 수 있도록 배려했다.

3) 시반을 좌우로 나누어 좌측 보시창에는 오午에서 해亥시 보시 인형이, 우측에는 자子시에서 사巳시 보시 인형이 차례대로 나타나도록 했다.

4) 시반의 좌우에 설치될 국보 제229호인 수수용호의 용무늬는 매우 정교하고 복잡했기에 [그림 4]의 용 기둥을 모사하여 디스플레이했다. 시계 색은 우리의 고유색인 5방색(동쪽은 청색, 서쪽은 흰색, 남쪽은 적색, 북쪽은 흑색, 가운데는 황색)을 나타낼 수 있도록 부품을 선정했다.

따뜻한 기술의 내일을 위하여

자격루와 앙부일귀는 모두 세종 대왕의 위민 정치, 즉 백성과 더불어 유교적 이상 국가를 건설하겠다는 정치철학의 소산이었다. 이 두 가지 발명품은 오늘날 우리 과학 문화의 역사에서 영생의 브랜드로 자리 잡고 있다. 우리 전통 과학의 아이콘인 자격루는 과학 문명의 보편성, 역사성과 더불어 한국성을 갖춘 우리의 자랑스러운 유산이다. 또한 한국 해시계의 영원한 모델인 앙부일귀는 과학성과 실용성을 동시에 충족시킨, 적도식 시계에서 유래를 찾기 어려운 만능 역법 시계로서 조선 시대에 이미 예술품의 경지에 오른 백성의 도구였다. 당시 앙부일귀가 명품으로 제작되어 국내외에서 사용되었음을 거울로 삼아 고급문화 상품으로 개발해 보면 어떨까 생각해 본다. 운영하는 데 별도의 동력을 필요로 하지 않는 해시계도 슬로우 라이프가 화두인 현대에 재현해 볼 만하다. 국민소득 3만 불, 무역 1조 달러 시대에 접어든 지금, 우리의 훌륭한 전통 과학 문화가 오늘의 과학기술 창조에 이바지할 수 있는 기반을 다지기 위해서는 옛것을 온전하게 보존하면서 잊고 지나쳤던 문화재를 복원하는 것이 무엇보다 중요하다. 이를 위해 보다 많은 국민적 관심과 정부의 정책적 배려가 필요하다. 복원된 과학 문화재가 완벽해지고 많아질수록 우리의 역사만큼이나 미래도 풍부해지리라고 확신한다.

21세기는 문화의 세기라고 말한다. 찬란한 문화유산을 발굴하고 복원해 21세기 문화 한국을 위한 인프라로 구축하는 일은 오늘을 사는 우리들의 몫이다. 과학 문화야말로 21세기 한국 과학기술의 정신적 토대이고, 우리의 미래를 풍요롭게 해 줄 자양제이며, 지식 정보사회로 가는 나침반이 될 것이다. 21세기에도 우리는 19세기 말에 서세동점西勢東漸에 대비하기 위해 내세운 '동도서기東道西器'의 강령을 되살려 "과학 문화의 정체성을 정립하고, 정보통신기술을 무기로 한국 문화의 역동성을 구현하여 글로벌 리더십을 발휘해야 할 것"이다. 디지털 자격루의 디자인에서 보았듯이 이는 인문, 과학, 기술, 디자인, 시계 분야의 전문가들이 한 팀이 되어 이룩한 성과이다. 이러한 시도가 대중들에게 얼마나 어필하느냐에 따라 성패가 갈릴 것이고, 이것이 '따뜻한 기술'이 될지 아니면 '차가운 기술'이 될지도 아울러 판가름 날 것이다. 결국 '따뜻한 기술'은 대중성에 바탕을 두고 개발되어야 할 것이다. 아직은 시작 단계에 머물러 있어 이에 대한 평가를 내릴 수 없지만 이러한 노력은 전통 과학의 창조적 계승이라는 시대적 과업을 수행하는 데 있어 하나의 시금석이 될 수 있을 것이다.

참고문헌 ─────────────

- 《하늘, 시간, 땅에 대한 전통적 사색》, 국사편찬위원회, 두산동아, 2007.
- 《'문화의 세기' 한국의 문화정책》, 김복수·강돈구·이장섭·전택수·오만석·박동준, 보고사, 2003.
- 《전통 속의 첨단 공학기술》, 남문현·손욱, 김영사, 2002.
- 《장인 : 현대문명이 잃어버린 생각하는 손》, 리처드 세넷, 김홍식 역, 21세기북스, 2010.
- 《시간 박물관》, 움베르토 에코·에른스트 곰브리치·크리스틴 리핀콧 외, 김석희 역, 푸른숲, 2000.
- "명작은 디테일이 아름답다", 유홍준, 《우리 시대의 장인정신을 말하다》, 유홍준·김영일·배병우·정구호·김봉렬·조희숙, 북노마드, 2010.
- "한국의 문화유산, 왜 자랑스러운가", 이기백, 《한국사 시민강좌》 23집, 일조각, 1998.

3부
따뜻한 기술, 따뜻한 사회

이재철(OLPC 아시아 대표)

MIT 미디어랩Media Lab을 졸업하고 동연구소에서 과학을 연구했으며, 이후 삼성전자 미래컨버전스그룹장, SK텔레콤 상무 및 상품개발본부장으로 신규 사업을 담당했다. 또한 카카오톡 부사장 및 국내외 다수의 창업을 통해 인터넷과 모바일 혁신 벤처기업을 개척했고, 한국과학기술연구원 KIST 연구 자문 및 포항공과대학교 멘토, 서울대학교 기술정책대학원 펠로우를 하였다. 지난 20년 간 홍익대 미술대학원, MIT 건축대학원, MIT 미디어랩 대학원에서 디지털 혁명을 통한 융합 분야에 관한 다양한 연구를 해 온 것을 바탕으로 최근에는 소셜 미디어 및 스마트 모바일 분야에서 계속해서 그 새로움의 경계를 허물고 있다.

디지털 양극화

지난 20여 년간 급속히 진행된 디지털 혁명digital revolution은 오늘날 전 세계 인구의 30퍼센트가 넘는 21억여 명이 인터넷을 통해 250억 개가 넘는 웹 정보를 공유할 수 있게 했다. 이러한 디지털 정보통신기술ICT의 발전은 지식 정보사회를 넘어서서 언제 어디서나 소통과 공유가 가능한 네트워크화된 생활networked life을 제공하고 있다.

반면 이러한 디지털 혁명이 미치지 못한 지역 역시 이 지구 상의 동시대에 존재한다. 아직도 전 세계 인구 중 40퍼센트가 하루에 2,000원 미만으로 살아가며 컴퓨터를 사용할 줄 모른다. 이러한 디지털 격차로 인한 현상들을 디지털 양극화digital divide라고 한다.

결국 디지털 혁명을 육성하고 주도한 한국과 같은 디지털 신흥국들이 급격한 경제성장과 사회 발전을 이루는 동안 디지털 격차가 현저한 저개발국least developed country들과 개발도상국developing country들은 항상 뒤쳐질 수밖에 없으며 이는 결국 불균형한 글로벌 경제를 초래한다.

지속 성장 발전

디지털 격차가 커지는 것은 선진국이나 신흥 경제국에도 좋은 일만은 아니다. 그들의 제품 판매 및 서비스 확장을 위해서는 저개발국이나 개발도상국 시장 확대가 필수적이기 때문이다. 이러한 이유 때문에 국제연합UN 및 세계개발은행IDB에서는 국가 간 경제 불균형과 디지털 양극화를 극복하기 위한 다각적인 지속 성장 발전Development for Sustainable Growth 보고서들을 소개하고 있다.

특히 유엔 개발 프로그램UNDP은 차세기 목표millenium goal 첫 번째 과제인 "극심한 빈곤과 기아 근절" 다음으로 "보편적 초등교육 달성"을 제2과제로 추진하고 있다. 즉 저개발 국가에 식량 원조를 함과 동시에 빵을 만드는 법을 가르쳐 주는 교육을 통해 소득 증대 및 다양한 사회적 파급 효과를 기대하는 것이다.

오늘날 전 세계에는 약 7,300만 명의 아동들이 기초적인 초등교육을 전혀 받지 못하고 있으며 그 절반은 사하라 이남 아프리카에 거주하고 있다. 또한 전 세계 약 8억 명이 문맹illiterate 상태로 글자를 읽고 쓰지 못하기에 고립된 환경 속에서 낮은 노동생산성을 가진 전통적인 1차 산업만이 대물림되는 빈곤의 악순환이 반복된다.

이러한 교육 기회의 불균형으로 인한 빈부 격차 및 성장 불균형은 단지 저개발 지역에서만 일어나는 일이 아니다. 선진국이나 개발도상국의 도시 역시 빈민과 절대 빈곤층들이 가난으로부터 근본적으로 탈출하기 위해서는 교육받을 기회 제공을 통해 미래에 대한 희망을 주어야 한다.

오엘피시

이러한 디지털 양극화를 해결하고 교육을 통한 글로벌 지속 성장 발전을 위해 2005년 매사추세츠 공대 미디어랩Media Lab의 설립자인 니컬러스 네그로폰테Nicholas Negroponte 교수 및 연구진들이 오엘피시 비영리재단One Laptop Per Child Foundation을 설립했다. 오엘피시OLPC는 문자 그대로 "어린이 한 명당 한 대의 컴퓨터를 주자One Laptop Per Child"이다.

OLPC 재단은 구글Google, AMD, 레드햇Redhat, 뉴스코퍼NewsCorp 등 10여 개의 글로벌 기업으로부터 각각 200만 불 이상을 지원받아 세계 최초로 열악한 환경에서도 작동하는 저가의 XO 컴퓨터를 자체 개발했다. 대부분의 저개발 국가들은 선진국들이 갖춘 체계적인 교육기관 및 인프라(학교, 선생님, 교과서, 교육 활동 등)가 절대적으로 부족한데 컴퓨터는 이런 결핍 문제의 상당수를 해결할 수 있고, 또한 호기심 많은 아이들의 학습 욕구와 사고 능력을 키울 수 있는 최선의 도구이기 때문이다.

XO 컴퓨터는 기존의 상용화된 PC보다 더 많이 보급하기 위해 훨씬 저가로 만들어져 "10만 원짜리 컴퓨터($100PC)"로도 불린다.

2008년부터 대량생산되어 국제단체, 수혜국 정부, 그리고 OECD 선진국들의 공적개발원조 자금EDCF/ODA 지원으로 인도주의적 차원에서 아프가니스탄, 이라크, 아이티와 같은 전쟁 및 재난 지역에 우선 보급되었으며 남미, 아프리카, 중동, 아시아의 저개발 지역 및 개발도상국에 중점적으로 보급되고 있다.

2011년 말까지 300만 대가 넘는 XO 컴퓨터가 전 세계 40여 개 지역에 25개의 언어로 무상 보급되었으며 이는 1조 원에 이르는 대규모 지원 사업이다. 궁극적으로 전 세계 저개발 국가 및 개발도상국 어린이에게 인터넷 사용이 가능한 XO 컴퓨터를 무상으로 보급함으로써 IT 교육을 통해 디지털 양극화로 야기되는 선진국과 개도국, 부자와 빈곤층 간의 경제 및 교육 환경 불균형 격차 해소에 이바지하고 있다.

OLPC는 미국 케임브리지와 마이애미에 각각 재단foundation과 협회association를 두고 있고, 약 50여 명의 정규 인력과 전 세계 5,000여 명의 자원봉사 개발자 그리고 5만여 명의 지역 봉사자들이 활동하고 있다. 다국적 비영리 활동을 통해 각 국가별 OLPC 커뮤니티를 구성하여 지역별 공공 및 민간 파트너 협력을 하고 있으며 최소의 비용으로 컴퓨터를 제조 및 보급하고 있다.

OLPC 협회를 이끌고 있는 아르볼레다Rodrigo Arboleda 대표는 전 세계에 보급된 300만 대의 XO 컴퓨터 중 거의 80퍼센트 이상을 차지하는 전 남미 지역의 보급 사업을 이끌고 있다. 특히 우루과이는 200만 명이 넘는 전 초등학생이 모두 XO 컴퓨터를 소유하고 정규 교과과정에 사용하고 있다. 또한 아프리카 르완다에서는

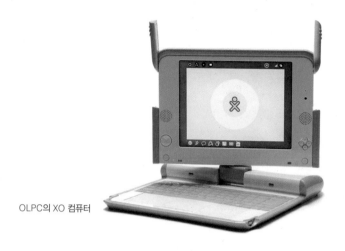

OLPC의 XO 컴퓨터

대규모 교육센터를 운영하여 아프리카 전역으로의 보급 사업에 중추적인 역할을 하고 있다.

위대한 원칙들

앞서 언급했듯이 OLPC의 목적은 컴퓨터 제조 사업이나 국제 원조가 아닌 교육 프로그램education program이다. 이를 실행하기 위한 5개의 위대한 원칙은 아래와 같다.

첫째, "모든 아이들이 XO 컴퓨터를 소유한다Kids take XO home." XO 컴퓨터를 무상 지급받은 어린이는 학교뿐 아니라 집에서도 이 컴퓨터를 사용할 수 있어야 한다. 교육education의 어원이 라틴어 '이듀스educe(끄집어내다)'에서 출발했듯이 인간의 원초적인 학습에 대한 호기심을 끄집어내야 한다. 따라서 XO 컴퓨터를 통해 자기

2009년 남미 니카라과 자모아터란 학교에 보급된 OLPC

주도 학습이 가능하기 위해서는 언제 어디서나 학생들이 사용할
수 있어야 하므로 학생 한 명당 무상 지급된 XO 컴퓨터는 그 학생
이 소유하게 된다.

   둘째, "저학년 아이들에게 우선 주어진다Lower Ages first." 6세에
서 10세에 이르는 인간은 가장 호기심이 많고 기존 주입식 교육에
물들지 않았기 때문에 고학년 학생들보다 훨씬 더 스스로의 탐구
가 가능하다. 진정한 교육은 학교라는 울타리에서 선생님이 가르
치고 학생이 배우는 일방적인 지식 전달 및 주입 방식이 아니라 스
스로 창의력과 문제 해결 능력을 키워 가게 하기 때문이다. 따라서
저학년 학생들에게 우선 보급된다.

셋째, "전체가 한 번에 보급된다Full saturation." 개인용 PC이기도 하기만 XO 컴퓨터끼리 연결되어 공동 참여 활동을 할 때 더욱 효과적인 교육이 가능하다. 개개인이 네트워크화된 상태에서 사회적 및 창의적 활동들이 훨씬 더 활발히 일어나기 때문이다. 지금까지 XO 컴퓨터가 보급될 때는 최소한 한 학교에 재학 중인 학생들 전체가 모두 사용할 수 있게 해 모두가 참여하는 학교생활의 일부가 되게 했다.

넷째, "무선으로 연결된 기계Connected machine" 외부 인터넷망이 없어도 XO 컴퓨터에 탑재된 무선 와이파이Wi-Fi를 통해 XO 컴퓨터끼리 인트라넷intranet을 구성해 서로의 정보를 공유할 수 있다. 학교라는 사회적인 장소에서 지식을 탐구하고 창의력을 개발하기 위해서는 선생님과 학생은 물론 학생들끼리도 서로 연결되어야 하며 이러한 사회적인 상호작용이 정보의 생성과 공유에 반드시 필요하기 때문이다.

마지막으로 다섯째, "무료 공개 소프트웨어Open source software" 소득이 상대적으로 낮은 지역에서는 대부분이 상용화된 컴퓨터의 운영 체계OS 및 응용프로그램application을 구입할 수 있는 경제력이 없다. 따라서 XO 컴퓨터의 교육용 소프트웨어는 모두 무상 제공되어야 지속적으로 사용할 수 있다.

지금까지 소개된 OLPC의 위대한 5개 원칙은 어쩌면 기존 컴퓨터 시장 및 교육 환경의 사업 방식을 흔들 수도 있지만 과연 누구를 위해 문제를 어떻게 해결해야 하는지에 대한 OLPC의 명확한 철학을 잘 보여 준다.

아프리카 르완다

적정기술

현재 디지털 혁명은 아직 진행형이며 특히 이러한 기술의 진보는 그 기술의 적정한 사용과는 무관하게 한계점 없이 발전하기도 한다. 특히 IT기술의 경우 컴퓨터 중앙처리장치CPU 내 연산처리를 하는 트랜지스터의 수가 우리의 사용 범위를 넘어선 지 오래이다.

주변에서 흔히 볼 수 있는 64비트 컴퓨터는 2의 64승인 1,800만 테라바이트TB라는 상상하기 힘든 용량의 메모리를 다스린다. 이러한 트랜지스터의 수는 30년 후가 되면 10의 15승인 쿼드릴리온quadrillion이 될 것이며 이는 우리 두뇌 속의 신경세포neuron 개수인 10의 11승보다 훨씬 더 많은 수이다. 또한 현재 초당 1기가비피에스Gbps인 데이터 전송속도가 초당 1페타비피에스Pbps로 100만 배가 빨라지는 것도 더 이상 공상이 아니다. 이미 우리는 1분에 600테라바이트TB가 넘는 엄청난 데이터량을 전 세계 아이피IP 네트워크를 통해 공유하고 있다.

반면에 문자를 읽지도 못하는 사람들에게 최신형 컴퓨터를 준다면 과연 어디에 쓸까? 항상 하이테크를 지향하며 발전하는 기술은 전기도 인터넷도 공급되지 않는 낙후된 지역에서는 무용지물이된다. XO 컴퓨터는 이러한 지역에 최적화된 기술을 개발해 적용한 예이다. 장시간 충전 없이 사용할 수 있고, 어떠한 자연환경에도 견딜 수 있으며, 기본 지식이 없는 어린 사용자라도 쉽게 사용할 수 있도록 충분히 고려하고 설계된 후에 개발되었다.

XO 컴퓨터

오늘날 저개발 국가의 상당수는 도시를 조금만 벗어나면 생존조차 불가능한 환경을 쉽게 접하게 된다. 전기도 없고 강렬한 태양빛에 그대로 노출된 생활환경이 대부분이다. 이러한 곳에서는 우리가 흔히 볼 수 있는 컴퓨터들은 낯선 기계가 된다. OLPC에서 개발한 XO 컴퓨터는 특히 이러한 지역과 어린 사용자에 최적화되어 개발되었으며 세계 최초의 기술들이 대다수 적용되었다.

일반 고성능 노트북 PC는 사용할 때 30와트watt의 전력을 소비하는 반면, XO 컴퓨터는 1와트를 충전시키는 A4용지 두 장 크기의 태양전지판solar panel에 의해서도 충전되는 전 세계 유일한 컴퓨터이며, 소형 크랭크를 이용한 손 발전기만으로도 충전이 가능하다.

또한 저개발 국가의 대부분은 건물이 많지 않기에 태양광 아래에서 일반 컴퓨터를 사용할 때 화면이 잘 보이지 않는데 반해, XO 컴퓨터는 태양광 반사형 화면sunlight reflective display을 적용해 전기 소모도 줄이고 듀얼 디스플레이 기술을 세계 최초로 활용해 밝은 곳에서 더 선명히 보이도록 했다.

뿐만 아니라 인터넷 접속이 불가능하고 서버가 없더라도 최대 10대의 XO 컴퓨터끼리 쉽게 인트라넷을 구성해 정보를 공유할 수 있도록 즉석 네트워크ad hoc network를 활용한 무선 와이파이를 탑재했다.

특히 사용자가 저학년 어린이들이므로 쉽게 부서지거나 고장 나지 않게 하기 위해 컴퓨터에서 진동과 충격에 가장 민감한 부품인 하드디스크hard disk 저장 장치 대신 플래시메모리flash memory만 적용한 최초의 컴퓨터이다.

교육을 위한 모든 콘텐츠와 애플리케이션들은 인터넷상에서 저장되어 정보를 제공하는 최초의 클라우드 컴퓨팅cloud computing이 적용돼 언제 어디서나 개인 및 그룹의 정보들을 공유할 수 있고, 도난 및 분실 시에도 원격으로 컴퓨터 작동을 멈출 수 있다.

또한 XO 컴퓨터를 포장 상자에서 꺼내는 법부터 컴퓨터가 고장나면 해결하는 법에 이르기까지 모든 사용 매뉴얼이 온라인화되어 있다. 즉 전 세계 컴퓨터 제조사나 유통사에서 반드시 구축하는 제품 수리를 위한 서비스센터나 콜센터 없이도 주로 저학년 어린이들인 사용자가 사용법을 알기 쉽고 직접 고치기 쉽게 만들어졌다.

오픈소스

XO 컴퓨터는 저개발 지역 및 빈곤층 사용자들이 지속적으로 컴퓨터 사용에 필요한 재원을 마련하지 못하는 경우에도 무료로 사용할 수 있는 공개 운영 시스템인 리눅스Linux 기반이며, 저학년을 위한 300여 개의 교육용 응용프로그램application program들이 무료 소프트웨어Free Software로 탑재되어 있다. 문서 작성, 그림, 음악, 사진, 동영상 등 디지털 학습의 기본인 창작 응용프로그램 외에도 창의력을 도울 수 있는 프로그래밍, 전기회로, 게임 등과 어린이용 위키피디아와 같은 사전, 음성인식 등 다양한 무료 응용프로그램들이 내장되어 있다. 이러한 공개 응용프로그램들을 활동activity이라고 부르며 전 세계 프로그래머 및 개발자들이 자신들이 만든 소프트웨어를 무상으로 공개해 XO 컴퓨터에서 마음 놓고 사용할 수 있도록 한다.

이러한 활동의 대부분, 즉 개인 학습뿐 아니라 공동 및 그룹으로 문서를 제작하고 출판할 수 있는 저널, 타 학생과 커뮤니케이션을 할 수 있는 채팅, 함께 서로 다른 악기를 연주하고 녹음하는 등 여럿이 공유할 수 있는 수많은 응용프로그램들을 언제나 인터넷에서 무료로 다운받아 사용할 수 있다. 특히 학생들에게 인기가 많은 것은 XO 컴퓨터를 통해 각자의 동영상을 녹화하고 이를 업로드해 전국의 학생들과 공유하는 동영상 학습 그룹웨어groupware로 이를 통해 다양한 사회적 활동이 가능해졌다.

이러한 교육용 그룹웨어의 특징이 가장 잘 나타나 있는 것이 XO 컴퓨터를 작동하면 나타나는 '슈가 인터페이스Sugar Interface'이다. 일반적으로 우리에게 익숙한 컴퓨터 초기 화면이란 바탕 화면에 여러 가지 응용프로그램이나 문서를 담고 있는 폴더folder들이 있고 이것을 통해 각 문서를 찾아 들어가 실행하는 디렉터리 directory 구조이다.

이는 컴퓨터 개발 초기 기계어machine language를 가장 잘 처리하기 위해 사용자보다는 컴퓨터의 작동 원리에 맞추어 설계된 것이다. 이와는 다르게 XO 컴퓨터의 초기 화면은 사람과 기계의 상호작용Human-Computer Interaction의 가장 근본적인 것부터 재설계되어 있음을 쉽게 알 수 있다. 즉 사용자가 화면 중심에 있고, 사용자가 사용하려는 응용프로그램들이 그 사용자를 중심으로 원형으로 배치되어 있다. 또한 현재 누가 나와 커뮤니케이션할 수 있으며 공동 작업을 수행할 수 있는지를 쉽게 나타내 주는 인터페이스도 함께 있다. 이러한 인터페이스는 어린이들이 가장 쉽게 자신의 의도intention를 인지하고 그 의도된 행위action를 잘 사용할 수 있도록 한 것이다.

결국 XO 컴퓨터는 낙후된 지역에 필요한 기술을 적정하게 사용하여 주민들이 활용할 수 있도록 개발하는 것뿐 아니라 이미 기존의 우리에게 익숙해진 낯선 기술들을 보다 사용자 중심으로 바꾸는 패러다임의 변화도 함께 모색하고 있다. 지난 수년간 XO 컴퓨터의 운영체제는 1.75버전까지 업그레이드되면서 전 세계에서 가장 저전력인 컴퓨터, 무상 프로그램을 통한 저가의 컴퓨터를 만들어 왔으며 이런 혁신적인 기술들을 오늘날까지 지속적으로 개발해 적용하고 있다. 올해 초 XO 태블릿 버전이 소개되었고 2015년부터 XO 태블릿을 만 원에 양산할 수 있게 하는 것을 목표로 삼아 개발에 박차를 가하고 있다.

수많은 희망들

그동안 XO 컴퓨터는 세계 최초 '10만 원대 컴퓨터', '저전력 컴퓨터', '적정기술 활용을 통한 저개발 국가 교육 환경 개선', '1:1 컴퓨팅 교육을 통한 자기 주도 학습', '디지털 양극화 해소' 등 수많은 이야기에 공감하게 했다. 또한 각종 사용 실태 보고서를 통해 그 보급 효과가 교육과 발전에 얼마나 큰 영향을 미치고 있는지도 보고되고 있다. 더욱 중요한 것은 XO 컴퓨터를 사용하고 있는 아이들 한 명 한 명의 변화에 있다.

XO 컴퓨터는 "작은 기계 한 대가 한 아이의 미래에 대한 희망A small machine with big mission"을 만드는 감동의 산물이다. 아직 300만 대 정도가 보급되었지만 낙후된 지역에서는 유일한 컴퓨터이며 최고의 혁신 제품이다. 이러한 제품을 어린 학생이 소유할 수 있다는 것만으로도 이 아이들이 갖게 되는 자신감과 미래에 대한 희망은 선진국 아이들이 물질적 풍요 속에서 갖는 것의 수십 배에 이른다.

이러한 아이들이 열악한 교육 환경 속에서도 XO 컴퓨터를 활용해 지식을 습득하고 성장해 간다면 그들이 원하는 빈곤과 기아가 없는 평화로운 나라가 희망으로 그치지만은 않을 것이다. 즉 XO 컴퓨터는 기술technology이 아닌 희망hope이며 함께 더불어 사는 우리들의 미래이다.

한국이 지난 50년간 빠른 경제성장을 이룬 데에는 선진국의 많은 지원과 도움이 있었다. 2009년부터는 선진 국가의 공적개발원조ODA, Official Development Assistant 수혜국에서 수혜를 주는 국가로 변했고 OECD 국가 중 24번째로 개발원조위원회DAC, Development Assistant Committee에 가입한 국가로서 2015년까지 국민총소득GNI, Gross National Income의 0.25퍼센트인 3조 원을 개발도상국에 지원할 예정이다. 2011년에도 1조 2,000억 원을 지원함으로써 G20Group of 20 유치 등을 통해 선진국과 개도국의 가교 역할을 함과 더불어 정보통신기술ICT 교육 분야의 선진국이 되어 가고 있다.

따라서 그동안의 한국 성장 비결인 정보기술IT와 교육을 공적개발원조를 통해 전 세계로 전파하여 적정기술 및 응용, 각종 정보통신 하드웨어, 네트워크, 소프트웨어, 콘텐츠 등을 어우르는 기술이 개발되어야 할 뿐 아니라 공공 및 기업 후원들이 민간단체 등과 연계되어 차원 높고 지속적인 공적개발원조가 이루어져야 한다.

적정기술은 사용자와 환경에 반드시 필요한 기술이며 이러한 공적개발원조의 실제 목적에 따라 개발되어 세상을 바꾸는 데 적용되어야 한다. 이러한 기술이 대학교 연구실이나 정책 입안자들의 논의로만 끝나게 되면 그것 자체가 적정하지 않은 일이 아닌가.

박종오(전남대학교 로봇연구소 소장, 기계시스템공학부 교수)

현재 전남대학교 로봇연구소장이면서 기계시스템공학부 교수이다. 독일 슈투트가르트Stuttgart 대학에서 로봇공학박사Dr.-Ing(1987)를 취득했고, 독일 프라운호퍼 IPA연구소Fraunhofer-IPA(생산기술 및 자동화연구소) 연구원, 한국과학기술연구원 선임·책임 연구원, 그리고 21세기 프런티어연구 개발 사업 단장을 역임했다. 주요 기술로는 세계 최초 대장 내시경 로봇 개발(2001) 및 기술이전, 캡슐형 내시경 세계 두 번째 개발 성공(2003) 및 기술이전, 혈관 치료용 마이크로 로봇 세계 최초 돼지 동맥 실험 성공(2010) 그리고 박테리아 기반 마이크로 로봇 국제 원천 특허등록(2010) 및 원천 기술 연구를 들 수 있다. 주요 논문 53편, 국내외 특허등록 87건이며 올해의 과학자상(2010), 제1회 KIST 인상(2001), 골든로봇어워드Golden Robot Award(국제로봇연맹, 1997), 제1회 자랑스러운 고등학교 동문상(1995), 정진기 언론문화대상(1992), IR52장영실상(1991) 등의 수상 실적이 있다. 최근 주요 연구 분야는 Micro/Nano Robotics, Medical Robotics, Intelligent Robotics이다. 국제로봇연맹 회장을 역임했고 현재 집행 이사로 활동하고 있다.

6장
따뜻한 의료 복지 로봇
– 로봇과 휴머니즘의 만남

로봇이란 인간을 위해 인간이 만든 장치이다. 학문적인 정의가 있지만 직관적으로 볼 때 로봇은 주변 환경을 인식하고 이 정보를 바탕으로 판단하며 그에 따른 반응, 즉 뛰어가거나, 무언가를 잡거나 의견을 말하는 것이다. 따라서 로봇과 컴퓨터와의 가장 명확한 차이점은 로봇은 움직일 수 있다는 점이다. 로봇은 크게 산업 현장에 쓰이는 산업용 로봇과 그 외의 분야에 쓰이는 서비스 로봇으로 나뉜다.

로봇 탄생의 기원은 대부분의 서적에 1961년으로 나와 있는데, 2012년 국제로봇연맹에서 로봇 역사 자료를 정리하면서 1959년인 것으로 밝혀졌다. 탄생 에피소드도 극적인데 1959년 어느 칵테일파티에서 조지 데볼George Devol과 조지프 엥겔버거Joseph Engelberger가 만나 이야기하다가 서로 합심하여 데볼의 개념을 구체화해 만들었다. 그 움직이는 기계장치가 세계 로봇 역사의 시작

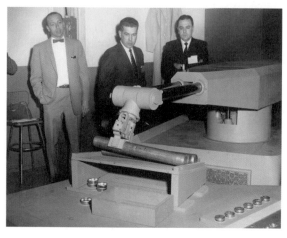

세계 최초의 로봇

이 되었다. 세계 최초의 컴퓨터가 그렇듯이 세계 최초의 로봇은 유압구동에 무게가 2톤이나 되고 모든 움직이는 축마다 일일이 저장해야 했으며 저장 장치도 자기드럼 방식이었다. 초창기 로봇은 모두 산업용 로봇이었고 이를 기반으로 1990년대부터 서비스 로봇으로 확대되었다. 이제는 서비스 로봇이 컴퓨터PC 이후의 거대한 세계적인 조류가 될 것으로 많은 미래학자들이 전망하고 있다. 현재 중·단기적으로 가장 큰 로봇 시장은 국방 로봇과 의료 로봇이다. 의료 로봇은 보통 진단, 수술, 재활, 병원용 로봇으로 구분하고 있다.

주제상 이렇게 제목을 지었지만, 과연 '따뜻한 의료 복지 로봇'이란 무엇일까? 의료 자체가 병들거나 나이 들어 약한 사람 그리고 장애인의 신체에 관련된 일이고, 의료 로봇이란 의사를 대신해 그 역할을 담당하는 것이므로 기본적으로 의료 복지 로봇은 따뜻하다. 하지만 따뜻하다는 단어 자체가 주관적이듯이 느낌상으로 보다 따뜻해 보이는 의료 복지 로봇을 여기에 소개하고자 한다.

현재 세계적으로 가장 성공한 수술 로봇은 '다빈치daVinci'라고 하는 복강경 수술 로봇이다. 기존 수술은 복부를 크게 절개하고 의사가 손을 넣거나 내시경 수술 도구를 집어넣어 수술하는 데 반해, 다빈치 수술은 지름이 8~9밀리미터의 막대 같은 로봇 팔 여러 개를 환자 복부에 집어넣고 의사가 옷이나 손에 피를 전혀 묻히지 않은 채 두 손에 기구를 끼고 게임하듯이 화면을 보고 움직이면 그 움직이는 동작이 그대로 로봇 팔에 전달되어 로봇이 똑같이 움직이는 방식이다. 그 움직임이 마치 사람 손처럼 자유롭고 무엇보다도 환자의 복부 절개가 최소화되어 수술 후 병원에 오래 머물 필요가 없다는 최대의 장점을 지니고 있다. 환자가 병실에 힘들게 누워 있는 시간을 줄여 주니 고마운 일이다. 그러나 비즈니스 측면에서 생각해 보면 병실에 오래 누워 있는 환자보다 더 많은 환자를 수술하는 편이 훨씬 이득이다. 그래서 '환자 친화성' 못지않게 '병원 친화성' 또는 '의사 친화성' 성격이 강한 것이 사실이다. 이런 로봇들을 모두 '따뜻한 기술'의 개념으로 본다면 거의 모든 의료 로봇이 이에 해당되므로 보다 더 가슴에 와 닿는 예들을 찾아보자.

치료로봇 PARO(www.paro.jp)

치료 기기로서 공인 기관으로부터 '따뜻한 의료 로봇'으로 공인 받은 로봇으로는 일본에서 개발된 '파로PARO'를 들 수 있다. 국가 연구 기관인 산업기술총합연구소에서 개발돼 현재 완제품으로도 판매되고 있는 파로는 어린 바다표범의 모습을 띠고 있고 실제로 소리도 흉내 낸다. 파로에는 5종류의 센서가 부착되어 있는데, 촉각 센서, 자세 센서 그리고 온도 센서가 있어 만지고 쓰다듬고 껴안는 행동을 감지하여 이에 따라 머리를 돌리고 다리를 흔드는 반응을 할 수 있다. 여기에 눈을 깜박이는 기능이 있어 보는 사람에게 살아 있는 귀여운 동물을 보고 만지는 느낌을 준다. 또한 빛 센서가 있어 밝고 어두운 환경을 구분하고 청각 센서가 있어 말하는 사람의 음성이나 패턴 그리고 간단한 단어를 인식한다. 그리고 말하는 사람의 방향을 감지해 그쪽으로 머리를 돌릴 수 있다. 병원에 오랜 기간 누워 있는 환자들이나 집에 머물러 있는 노약자들에게 효과가 크다. 실제로 쓰다듬으면 살아 있는 얌전한 강아지 같이 포근한 느낌을 준다. 상당히 잘 만들었다는 생각이 든다. 의료 기관의 임상 시험에서 환자 스트레스를 줄이는 효과가 나타났고, 휴식이나 긍정적인 동기부여 등의 심리 효과를 거뒀으며 환자의 사회성 향상, 그리고 교감 작용을 한다는 평가를 받았다. 아직까지는 영국 기네스북에서 '가장 우수한 치료 로봇'으로 인증받고 있다. 앞으로 보다 따뜻한 치료 로봇이 나올 것이기에 아직까지라는 사족을 붙인다.

영화 〈아이언 맨〉을 많이들 보았을 것이다. 금속 제복을 입고 무거운 물건을 쉽게 들고 로켓처럼 날아다니는 공상과학영화이다.

근력 증강복 HAL(www.cyberdyne.jp)

물론 로켓 추진기를 달고 날아다니는 사람은 이미 신문에도 나온
현실적 기술이나, 여기서는 특수한 옷을 입고 무거운 것을 쉽게 들
고 다니는 로봇 기술에 대해 이야기하고자 한다. '착용 로봇', '로봇
슈트', '파워 재킷', '근력 증강복' 등 다양하게 말하지만 모두 동일
한 의미이다. 1990년 중반 원격제어 로봇을 연구하다가 근력 증강
분야에 사용하면 좋겠다 싶어 원격조종 마스터master 장치를 착용
하고 무거운 물건을 드는 실험을 한 적이 있었다. 그 후 마이크로 로
봇 국책연구사업단장이 되면서 바빠져 진행하지 못했으나 지금 생각
하면 계속하지 못해 아쉬운 마음이다. 이 기술은 국방 로봇과 재활
로봇 양쪽에서 별도로 계속 개선되고 있다. 국방 로봇 쪽이 국가적
으로 막대한 경비를 투자하는 데 힘입어 발전 속도가 훨씬 빠른 듯
하다. 전장에서 무거운 짐을 지고 이동하는 군인들의 사고 위험에 대
비하여 이러한 파워 재킷을 입고 짐을 지고 달리는 군인의 모습은

이미 유튜브 등에서도 다양하게 볼 수 있다. 재활 분야에서의 '근력 증강복'은 기술적으로도 흥미롭지만 앞으로 활용도가 매우 클 전망이다.

다시 따뜻한 기술로 돌아가서 세계적으로 고령 인구가 증가하는 상황에서 노인들이 걷거나 드는 힘이 없어 방에만 누워 있거나 다른 사람에게 의존하는 대신, 스스로 일상생활을 능동적으로 살도록 바꿔 주는 기술이 등장했다. 이 얼마나 활기차고 따뜻한 효도 기술인가? 최근 이 분야에서 연구하는 사람들이 많아졌는데 가장 앞서 있는 제품은 일본 쓰쿠바 대학 산카이 교수 팀이 개발한 '할 HAL, Hybrid Assistive Limb(복합보조수족)'이다. 산카이 교수는 지난 20년 이상을 '할' 연구에 전념하여 지금은 그 완성본이 사이버다인 Cyberdyne사에서 판매되고 있다. 원리는 다음과 같다. 우리가 걷거나 팔을 움직일 때 먼저 뇌에서 미세 전기화학 신호를 팔이나 다리 근육 신경세포에 보내면 해당 근육이 움직이는데 바로 이 근육 신경세포에 흐르는 미세 전류를 잡아 증폭시켜 전동 모터를 움직임으로써 큰 힘을 내게 한다. 일반 산업 기기와 달리 인체는 매우 많은 잡음이 포함된 신호 특성을 가지고 있어 인체 신경 및 운동 특성에 맞추는 일이 중요하게 작용한다. 잘 맞추지 못하면 요요 현상으로 오류가 증폭될 우려가 있다. '할'의 작동에는 두 가지 방식이 있는데 하나는 앞에서 얘기한 근육 전기신호를 이용해 힘을 증폭시키는 방식이고 다른 하나는 일반 로봇처럼 스스로 움직이는 기능이다. 그렇기에 제조사에서는 '할'이 세계 최초의 사이보그 즉 인조인간이라고 주장한다. 상·하체 모두 입는 방식과 하체만 입는 방식이 있는데 전체 크기는 1.6미터이며 무게는 약 10킬로그램이다. 가격은 1억 원 가량으로 일본에서는 임대도 가능하다. 노약자 홀로 걷거나 무거운 짐을 드는데 활용할 수 있고, 재활용으로 쓸 수도 있어 활용 분야는 다양하다. 심지어 최근에는 손목용, 무릎용 등으로 세분화되어 개발되고 있다. 국내에서도 이 분야에서 여러 팀이 연구 개발하고 있다. 효도 로봇 기술, 문득 어느 텔레비전 광고처럼 언젠가는 이런 광고 문구가 등장하지 않을까 생각한다. "아버님 댁에 효도 로봇 옷 한 벌 들여놔야 겠어요."

많은 로봇들이 만들어졌는데 개념상으로 획기적인 로봇들도 있다. 로봇은 대부분 전기로 움직이고 배터리를 충전시키거나 전기 공급을 해 줘야 하는 것이 사회적 통념이다. 이 개념을 뛰어넘어 로봇이 돌아다니다가 달팽이(유럽에는 비가 오면 많이 돌아다닌다)를 보면 이를 스스로 연료로 사용해 동력을 내거나 고기를 연료로 사용하는 로봇들이 간혹 언론에 소개되곤 한다. 단순한 개념이나 기능으로 음식을 떠먹여 주는 로봇도 있다. 환자가 간병인이나 가족이 음식을 떠먹여 줘서 피동적으로 먹는 게 아니라 능동적으로 로봇 팔을 움직여 하루에 세끼씩 스스로 먹을 수 있게 하는 것으로, 이는 인간

영화 〈모던 타임스〉에서의 식사 보조 로봇

의 자존감과도 직결되는 중요한 문제라 생각된다. 처음 식사 보조 로봇을 보고 순간적으로 느꼈던 점이다. 1936년 미국 희극배우 찰리 채플린의 영화 〈모던 타임스Modern Times〉에는 이러한 식사 보조 로봇이 등장한다. 오래전의 영화이지만 진짜 로봇처럼 매우 실감나게 표현된다.

오늘날 실제 식사 보조 로봇으로 일본 세컴의 '마이스푼MySpoon' 등 이미 여러 제품들이 나와 있다. 여기서 소개하는 제품은 가장 최근의 로봇으로 소아마비로 팔을 움직이지 못하는 사람이 직접 식사 보조 로봇을 만들고 회사까지 차린 것으로 유명하다. 바로 스웨덴의 스텐 헤밍손이다. 헤밍손은 2004년부터 7년간 공학자와 함께 제품 개발에 몰두한 끝에 마침내 제품 출시에 성공했다. 작은 펭귄 같은 로봇의 크기는 34센티미터이고 무게는 2.2킬로그램이다. 큰 버튼을 발로 누르거나, 손가락, 또는 머리의 움직임으로 로봇을 움직이게 한다. 로봇 팔은 하나인데 끝에 숟가락이 부착되어 있어 명령을 내리면 숟가락이 음식을 떠 주인 입가까지 가져다준다. 제품 가격은 약 600만 원이며 들고 다닐 수 있다. 혹시 부딪히더라도 안전해 보이는 것이 특징이다.

2005년 일본 아이치 현에서 로봇 엑스포가 열렸다. 이제까지 나온 로봇 전시회 중 가장 다양한 로봇들이 풍요롭게 전시되었다. 그때 몇 가지 로봇들이 강한 인상을 남겼는데 그중 도요타 자동차의 '아이유닛i-unit'은 미래의 개인용 콘셉트 카로서 일반 도로에서는 고속으로 누워 달리고 좁은 골목에 들어서면 탑승자의 앉은 자세가 바뀌며 조용히 이동하는 방식으로 매우 신선한 느낌을 주었다.

그러나 더 강한 인상을 준 것은 인간에게 보다 '따뜻한' 지능형 휠체어 로봇이었다. 일반 휠체어에 구동기와 다양한 센서를 달고 휴대전화에 지피에스GPS방식의 내비게이션 기능을 접목시켰다. 한마디로 장애인이나 노약자가 가야 할 목적지 주소를 휴대전화에 입력하면 스스로 알아서 목적지까지 가는 휠체어다. 보행자 도로로 다니고 신호등 앞에 서면 신호를 읽어 스스로 정지하거나 이동할 수 있다. 개발사는 아이신 세이키사와 후지쓰사이며 공식 명칭은 지능형 휠체어 '타오 아이클Tao Aicle'이다. 일반 이동로봇처럼 적외선센서, 초음파 센서, CCD 카메라(디지털 카메라용 이미지 센서의 일종), 레이저 센서 등을 장착하고 있다. 흥미로운 사실은 현재의 기술로도 충분히 실현 가능하다는 점이다. 문제는 일반 보행자 도로의 불규칙성과 신뢰성 확보 등이 풀어야 할 과제로 생각된다. 무게는 총

후지쓰사의 지능형 휠체어 '타오 아이클'

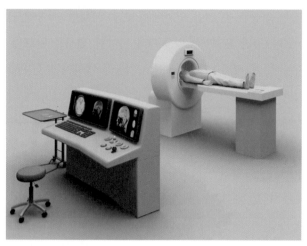

뇌질환 수술 마이크로 로봇(www.microrobot.re.kr)

28킬로그램으로, 거리에서 종종 힘들게 움직이는 왜소한 전동 휠
체어에서 멋있는 지능로봇으로 갈아탄다면 타는 사람 역시 보다
자신감이 커질 것만 같다. 복잡한 첨단 기술을 손쉽게 사용할 수
있다는 점도 중요하다.

다른 여러 로봇 제품 소개와 아울러 현재 필자가 책임을 맡아
전남대 로봇연구소에서 열심히 연구 개발하고 있는 마이크로/나
노 로봇 기술을 '따뜻한 기술'로서 소개할 필요가 있다. 뇌 수술을
하면 보통 두개골을 약 4센티미터 직경으로 열고 1.5~2센티미터
직경의 수술 도구를 질환 부위까지 집어넣어야 한다. 좀 더 자세히
말하면 두뇌 속에는 체액(뇌척수액)이 흐르는 경로가 있는데 간혹
이 체액이 막히면 바로 크게 부어올라 심각한 상황이 되어 위와
같은 수술을 해야만 한다. 만약 두개골을 전혀 열지 않고 피도 흘

리지 않고 주사기로 마이크로 로봇을 집어넣어 치료할 수 있다면 얼마나 좋을까? 아직은 개념 단계로 특허출원 및 예비 실험 과정만 거쳤을 뿐이지만 세계적으로 처음 시도하는 방식이라 기술적인 원천성을 가지고 있다. 이 기술은 마이크로 로봇이 먼 미래 기술이 아니라 바로 우리 옆에 와 있는 기술이라는 점과 로봇 기술의 혁신성을 보여 주는 좋은 예라고 할 수 있다.

이 기술을 '따뜻하다'고 느낀 연유는 개인적인 경험에 바탕을 두고 있다. 아주 뜸하긴 하나 간혹 당황스러운 전화를 받을 때가 있다. 꼭 만나자는 부탁이라든지 이메일로 집요한 질문을 하는 경우가 그러하다. '내 척추는 점차 석회화되는데 아무런 해결 방안이 없다. 오로지 박사님의 마이크로 로봇만이 해결책이다. 도와 달라.'는 간절한 요청을 받은 경우도 있었다. 심히 난감하다. '기술적으로 맞는 말 같기도 하고 잘 만들면 해 볼 만하기도 하다. 그러나 아직은 아닌데…'라는 자괴감을 떨쳐 버릴 수 없다. 흥미를 갖고 하는 연구에서 엄숙한 사명감을 느끼는 시점이다. 또 어떤 때는 초등학생들이 자신의 할머니, 또 다른 경우엔 자신의 아버님이 '뇌졸중으로 위독하신데 방법이 없다. 임상 시험이라도 하게 해 달라.'는 간절한 메일을 보내기도 한다. 그러나 임상 시험이 그렇게 간단하지만은 않다. 기술적인 완성도가 있어야 하고 그다음 동물실험에 의한 전 임상 실험을 상당 기간 거친 후 제품화 단계가 되어야만 인체 임상 시험을 할 수 있다. '현재는 아직 불가능한데 어찌해야 낙담시키지 않으려나…'하고 매우 완곡하게 답변을 보내면 바로 불확실한 부분을 다시 희망으로 생각하고 또 부탁하고…, 이런 이메일 교환을 몇 번이나 거쳐 실망을 안겨 줄 수밖에 없는 경우가 있었다. 언젠가 이런 문제를 충분히 해결할 수 있다면 얼마나 뿌듯하고 따뜻한 기분일까?

흥미로우면서 환자와 노약자들에게 따뜻함을 줄 수 있는 의료 로봇 기술로서 가상 진료 의사 로봇을 들 수 있다. 우리는 텔레비전이나 보다 전문적으로는 영상 매체를 활용한 원격 화상회의가 무엇인지 대충 알고 있다. 화면에 의사가 나타나 이런저런 얘기를 하면 어떤 느낌이 들까? 자신의 얘기를 하니 신경 쓰이지만 그래도 화면일 뿐이라는 생각이 들 것이다. 그런데 이동로봇 위에 텔레비전 모니터가 있어 화면 가득 우리를 진료하는 의사의 얼굴이 보이고, 의사가 고개를 끄덕이거나 갸우뚱할 때 모니터 자체가 사람 얼굴처럼 움직인다면 우리는 바로 긴장하게 될 것이다. 단순한 기술이 즉각 생동감을 주는 기술로 바뀐다. 이것이 바로 2D 컴퓨터와 3D 로봇 간의 차이이다. 이 기술은 의료진이 어디에 있든 (제품 광고에는 의료진이 골프장에 있더라도) 언제든지 환자에게 다가가 환자와의 상호 대화를 생동감 있게 나누며 진료를 할 수 있는 기술, 즉 '따뜻한 기술'의 손쉬운 예를 보여 주고 있다. 이 제품은 인터치 헬스InTouchHealth사의 RP-7이라는 원격진료 로봇인데 외국에서는 이미 사용되고 있으나 우리나라에는 아직 들어오지 못했다. 의료 기기가 도입되려면 그 특성이 무엇보다 사회 체계로부터 인증을 받아야 하는데 한국 의료 체계상 들어오기 어려운 상황이다. 이처럼 복잡한 의료 분야의 특수성을 종종 언론에서 접하고는 있으나 환자 관점에서만 본다면 이러한 기술 도입이 그리 나쁘지만은 않은 일이며 인간미 넘치는 따뜻한 첨단 기술의 좋은 사례라 생각된다.

위와 같이 '따뜻한 의료 복지 로봇'의 예로 몇 가지를 소개했다. 이제까지 기술적인 흥미에서 로봇 연구에 매진했다면, 이 글을 쓰면서 개발된 로봇들이 사용자인 우리 인간에게 보다 따뜻한 느낌을 준다면 더욱 그 의미가 크겠다는 생각이 들어 오히려 좋은 생각을 거꾸로 배운 기분이다.

참고문헌

■ EXPO 2005 Aichi Japan : Robot Project Guidebook, NEDO, Japan, 2005.

박정극(동국대학교 의생명공학과 교수)

연세대학교 화학공학과를 졸업한 뒤 미국 리하이 대학에서 생물화학공학으로 석사 및 박사 학위를 받았다. 리하이 대학과 유시데이비스 대학에서 박사후과정을 거쳐 1988년부터 동국대학교 화학생물공학과에 재직하였다. 현재 동국대 의생명공학과 교수로 재직 중이며, 바이오시스템대학 학장을 맡고 있다. 지식경제부 국가바이오기술 산업위원회 위원, 교육과학기술부 국제기술협력지도 비전위원회 생체재료팀장, 한국공학한림원 회원 등으로 활동하고 있다. 《생체조직공학》(공저)과 *Fundamentals of Tissue Engineering and Regenerative Medicine*(공저) 외 15여 편의 저서가 있다. 2009년 과학기술훈장 웅비장을 서훈받았다.

7장
생체조직공학
– 융합기술의 비전

신생명공학산업은 정보통신산업과 더불어 21세기 미래를 이끌 유망 산업으로 발전하고 있다. 이에 발맞추어 우리나라도 국가의 미래 유망 성장 동력 기술로 6T(IT, BT, NT, CT, ET, ST) 분야를 집중적으로 육성하고 있으며, 특히 생명공학기술은 인류의 4대 숙원 사업인 질병 퇴치, 식량문제 해결, 환경오염 및 생태계 파괴 방지, 그리고 미래 청정에너지 확보 문제를 해결할 수 있는 21세기 차세대 유망 기술이다.

사고나 질병으로 조직이 손상되었을 때 이를 대체할 수 있는 새로운 조직을 실험실에서 제조하여 이식하는 분야를 조직공학이라고 하며 좀 더 폭넓게는 재생의학이란 용어를 사용한다. 기존의 조직공학에서는 세포를 실험실에서 대량으로 배양한 다음 이를 천연 또는 합성한 생체재료에 넣은 후 생물반응기를 이용하여 제조하였다. 이러한 기술이 처음 소개되었을 때는 상당한 센세이션을 일으켰지만 현재는 초기의 기술 수준을 넘어 구조적으로나 기능적으로 실제와 유사한 조직을 만들기 위해 다양한 분야의 기술들이 융합된 형태로 발전하고 있다.

발전된 조직공학의 주요 분야는 생명과학, 의학, 공학이고 주요 구성 요소는 기존 조직공학에서의 세포, 생체재료, 생물반응기, 신호물질뿐만 아니라 줄기세포공학, 생체재료공학, 나노공학, 정보공학 등이 포함된다.

① 줄기세포공학stem cell engineering

조직공학의 세포 공급원으로는 체세포와 줄기세포가 있다. 체세포는 인체에 존재하는 성숙한 세포를 의미하고, 줄기세포란 다양한 세포로 변할 수 있고 실험실에서 대량으로 배양이 가능한 미성숙 세포를 의미한다. 체세포는 조직공학적으로 사용하기에 아주 좋으나 잘 증식하지 않기 때문에 사용하는 데 한계가 있다. 최근에는 배아줄기세포, 유도만능세포, 그리고 성체줄기세포 등의 줄기세포를 조직공학의 세포원으로 사용하려는 시도가 진행되고 있다. 줄기세포의 경우 여러 가지 분화 과정을 거쳐야 제 기능을 발휘하는 성숙세포로 변하는데 이러한 분화 과정이 완전히 밝혀지지 않은 관계로 아직도 많은 연구가 진행되고 있다.

② 생체재료공학biomaterial engineering

실제 조직에서처럼 세포가 안주할 수 있는 골격이 필요한데 이 골격이 바로 생체재료다. 이미 상용화에 이른 콜라겐 등 천연 생체고분자와 미국식품의약국의 승인을 받아 제품화된 PLA, PGA, PLGA 등의 합성 생체고분자 외에도, 세포와 기질 간 상호작용을 조절할 수 있는 온도 민감성 고분자, 사용이 간편한 주입형 하이드로겔 생체고분자 등 생체재료의 기능 향상과 더불어 임상적 이용이 가능하도록 기술개발이 이루어지고 있다.

③ 나노공학NT

아주 미세한 나노 수준에서 세포와 생체재료 간 상호작용을 조절할 수 있는 나노생체재료를 만드는 기술을 의미하며 상 분리phase separation, 전기방사electrospinning, 자가조립self-assembling 등을 활용한다. 그 결과 독특한 기계적, 전기적, 광학적, 생물학적 특성을 지닌 생체재료를 개발할 수 있다.

④ 정보공학IT

기존의 조직공학에서는 손으로 제조하거나 아니면 주물(몰드)을 이용하여 생체재료를 제조하였으나 실제 조직의 구조와 유사하게 만들기 위하여 최근에는 컴퓨터 이용 디자인CAD, computer-aided design 또는 청사진blueprint 등 디자인 설계와 컴퓨터 시뮬레이션 같은 정보공학기술을 접목하는 연구가 진행되고 있다. 그리고 그동안 반도체 제조에 이용되었던 석판술lithography, 광석판술photolithography, 마이크로패터닝micropatterning 등 미세가공기술들이 조직공학에 접목되어 생체고분자의 배열 및 방향성 등을 조절하려는 연구가 시도되고 있다.

생인공 간 기술

최근 개발이 어느 정도 완료되어 임상 실험 중에 있는 대표적인 융합 시스템으로는 생인공 간bioartificial liver이 있다. 간이 급격히 나빠져 생명이 위급할 경우 간이식을 받기 전까지 일시적으로 간 기능을 대신해 주는 장치를 생인공 간이라고 한다. 우선 혈장 분리기를 통해 환자의 혈액 중 혈장만 분리되어 생인공 간으로 전달된 후, 간 기능을 대신하는 간세포 반응기에서 해독 작용을 거쳐 다시 환자에게 되돌아가는 것이 생인공 간 시스템의 기본적인 흐름이다[그림 1].

생인공 간은 크게 생물학적 요소, 기계적 요소, 그리고 전기적 요소로 구성된다. 생물학적 요소는 해독 작용 등의 간 기능을 실질적으로 수행하는데, 이 안에는 무균 돼지의 간세포가 알지네이트라는 천연 고분자에 아주 높은 밀도로 감싸인 상태로 충전되어 있다.

기계적인 요소는 혈장을 순환시키는 펌프, 그리고 혈장에 산소를 가하는 산소공급기, 온도를 정상 체온인 37도로 유지시키는 항온조, 찌꺼기 등을 제거하는 필터 등으로 구성되어 있다.

그리고 전기적인 요소에는 공기 방울이 생기는 것을 감지해 주는 버블 센서, 혈장의 수위를 알려 주는 혈장 수위 센서, 온도가 올라가는 것을 알려 주는 과열 알람, 그리고 혈장 흐름이 막혀 압력이 올라가는 것을 알려 주는 과압력 알람 등이 있다. 이와 같은 전기적인 요소들은 주로 이상 상태를 감지하여 의사 또는 운전자에게 알려 주는 역할을 수행한다. 이러한 생인공 간 시스템은 한 분야의 기술만으로는 개발될 수 없으며 다양한 분야의 기술들이 융합되어야만 그 기능을 제대로 발휘할 수 있다.

파동생명공학기술

BT를 포함한 6T 기술의 대부분은 물질계를 대상으로 하며 각종

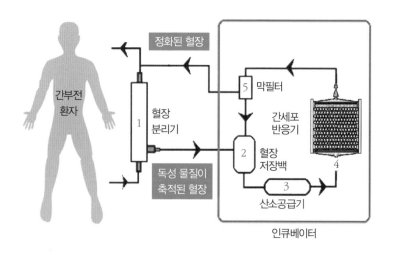

정화된 혈장

간부전
환자

정화된 혈장

1 혈장
분리기

독성 물질이
축적된 혈장

5 막필터

간세포
반응기

2 혈장
저장백

3

산소공급기

4

인큐베이터

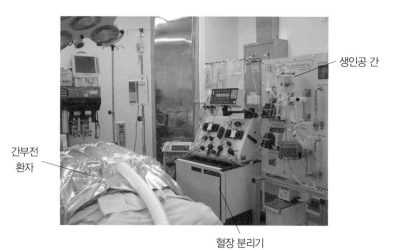

생인공 간

간부전
환자

혈장 분리기

[그림 1] 생인공 간 시스템

물질 간의 직접적인 상호 반응 현상과 이에 따른 작용 메커니즘에 기반을 두고 있는 반면, BT의 주요 대상인 인간을 포함한 지구 상의 모든 생명체는 물질적인 존재일 뿐만 아니라 고유의 파동과 주변의 파동 환경 속에서 생명력을 유지하고 있다.

최근 물질계 수준의 연구에 있어서도 각종 물질의 크기를 초미세 단위로 조절함에 따라 파동과의 상호작용 및 영향으로 나타나는 새로운 특성들이 주목받고 있으며, 따라서 이제부터는 물질 수준의 기술material level technology 연구와 파동 수준의 기술wave level technology 연구를 병행함으로써 물질 및 생명체의 파동 반응 현상과 메커니즘을 규명하고 이를 이용하는 신기술개발이 절실하게 요구되고 있다.

미국의 경우 정부 차원에서 파동생명공학 분야에 대한 체계적인 지원과 집중화를 추진하고 있고, 미국국립보건원에서는 대체의학 국립연구센터NCCAM 프로그램으로 매년 1억 달러 이상의 예산을 투입하고 있으며, 그중 에너지의학과 신경재생의학 분야에 국가지원 센터를 설립하여 적극 지원하고 있다.

특히 최근에는 파동에너지를 이용한 세포의 성장, 분화 조절 기술이 연구되고 있다. 미국의 MIT에서는 전자기적 자극을 이용하여 중간엽줄기세포의 활성을 촉진시키는 기술을 개발하고 있으며, 미국의 아이마알엑스ImaRx 제약에서는 초음파나 할로겐을 이용하여 세포 내로 물질이동을 향상시키는 기술을 연구하고 있다.

이러한 연구와 더불어 원적외선, 레이저, 자기장, 전자기장, 전기적 펄스, 초음파를 이용하여 통증을 줄이거나 염증을 감소시키

음파 미용 브러시

초음파 골절 치료기

레이저 빗

전자기파 통증 치료기

음파 칫솔

[그림2] 파동생명공학기술을 이용한 제품

는 치료용 의료기기가 개발되고 있다. 또한 레이저 적용 파동 치료 요법을 이용한 레이저 빗HairMax LaserComb, 음파를 이용한 칫솔 SoniCare toothbrush, 미용 브러시Clarisonic skin care brush, 초음파를 이용한 골절 치료기EXOGEN bone healing system, 전자기파를 이용한 통증 치료용 기구PAP-ion magnetic inductor 등이 상품화되어 임상에 이용되고 있다[그림 2].

파동나노바이오 융합기술

현대사회가 고령화 사회로 접어들면서 이미 웰빙이 시대적 트렌드로 자리매김한 지 오래되었으며, 이에 따라 무혈, 무통증 등의 비침

습적인 의료 기법이나 치료 방법 등에 관한 관심이 고조되고 있다. 칼을 이용하지 않고 파동에너지를 생체에 직접 조사하는 파동생명공학기술과 나노물질을 이용한 파동나노바이오 융합기술은 이런 시류와도 매우 잘 맞는다.

조직공학 및 재생의학에서 이용되는 파동에는 크게 음파, 초음파, 그리고 낮은 주파수대의 전자기장이 있다. 초음파는 예전부터 진단에 이용되어 왔으나 최근에는 연골조직을 조직공학적으로 제조하는 데 이용하고 있다. 음파 및 전자기장의 경우 다양한 세포의 기능에 영향을 미친다는 것이 보고되었으며 조직공학 분야에도 융합된 형태로 연구되고 있다.

전 세계적으로 고령 인구의 증가와 교통사고, 스포츠 여가 활동의 증가로 뇌 및 척수 등의 신경 손상 환자들이 늘어나고 있으며, 이로 인하여 많은 노동력의 상실이 발생되고 막대한 의료비가 지출되고 있다. 따라서 신경 손상을 치료하기 위하여 세포 치료 및 조직공학적인 치료법이 시도되고 있다. 세포 치료는 환자 자신의 골수 줄기세포를 체외에서 신경세포로 분화하도록 유도한 뒤 이식하는 방법이 연구되고 있고, 스캐폴드(지지체)와 신경세포 또는 줄기세포를 접종, 배양하여 척수 재생을 시도하고 있다. 이러한 연구에서도 줄기세포 배양 전문가와 생체재료 연구자, 그리고 의사의 협력이 절대적으로 필요하다.

최근에 전자기파를 이용한 경두개 자기자극법repetitive transcranial magnetic stimulator은 임상 연구가 상당히 진전되어 우울증 환자 치료 기술로 미국식품의약국에서 인가될 것으로 기대를 모으고 있

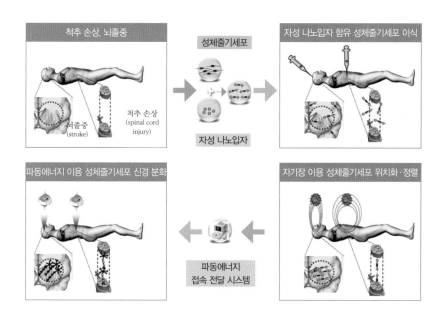

[그림 3] 파동에너지가 융합된 신경 질환 치료 개념도

으며, 이러한 결과는 파동에너지가 신경세포 활성을 향상시킬 수 있다는 증거가 된다. 최근에는 세포 치료와 파동에너지를 접목한 신경재생에 관한 연구도 진행되고 있어 새로운 융합 파동 치료법이 개발될 것으로 예견되고 있다.

이 기술은 '파동에너지를 이용한 신경분화 기술BT', '자성 나노입자를 이용한 신경세포 정렬 기술NT', 그리고 '파동에너지 발생 및 생체 전달 시스템IT'의 3가지 핵심기술을 융합하여 새로운 신경 치료 기술을 개발하는 것이다. 자성 나노입자를 성체줄기세포 내로 전달시킨 뒤 신경 손상 부위에 주사하고, 자기장을 이용하여 성체줄기세포를 손상 부위 내로 정렬시킨 뒤 특정한 주파수와 강도의 음파, 전자기파 또는 복합 파동을 쪼여 신경세포로의 분화를 유도함으로써 손상된 신경을 치료하는 혁신적인 융합기술이다[그림 3]. 분자생물학, 생화학, 의학 및 공학적 접근을 통하여 파동에너지를 접목시킨 다학제 간 BT융합 기술이라 할 수 있다.

앞으로 다가올 미래에는 어느 한 분야만을 독자적으로 연구해서는 발전의 한계에 부딪히게 된다. 다양한 학문과 미지의 파동에너지에 대한 탐구가 융합되어 새로운 기술이 연구되어야 하며, 이러한 연구가 기존에 해결하지 못했던 많은 문제들을 풀 실마리를 제공할 것이다.

참고문헌 ─────────────────────────────────

- 《맞춤인간이 오고 있다 : 바이오닉 퓨처, 그 낯선 미래로》, 사이언티픽 아메리칸, 박진희 외 역, 궁리, 2000.
- 《조직공학과 재생의학》, 유 지·이일우, 군자출판사, 2002.
- *Fundamentals of Tissue Engineering and Regenerative Medicine*, Ulrich Meyer et al., Springer, 2009.

김성준(서울대학교 전기공학부 교수)

서울대학교 전자공학과를 졸업하고 코넬 대학교에서 전기전자공학으로 석사와 박사 학위를 받았다. 벨 연구소에서 6년간 연구한 뒤 귀국하여 1989년부터 서울대 전기공학부 교수를 지내고 있으며, 초미세생체전자시스템연구센터 소장을 맡고 있다. 인공신경을 통한 장애 극복, 특히 제3세계의 형편이 어려운 사람을 이 기술로 도우려는 목표를 가지고 연구하며, 인공청각기술로 국가 지역 균형에 이바지한 공로로 2005년 과학기술부총리 표창을 수여받았다. IEEE 의공학회지 편집위원이자 수석회원이다. 저서로 《제3기 인생, 디지털 날개를 달자》《미래를 들려주는 생물공학 이야기》(공저) 《IT의 미래》(공저)가 있다.

8장
신경보철
– 장애를 극복한 기술

누구나 텔레비전 혹은 영화를 통해 한 번쯤은 과학의 힘을 빌려 특출한 능력을 부여받고 악의 무리와 싸우는 자신을 상상해 봤을 듯하다. 80년대 인기리에 방영된 〈육백만 불의 사나이〉와 〈바이오 닉 우먼 소머즈〉, 90년대의 〈로보캅〉이나 〈터미네이터〉, 그리고 최근 〈신세기 에반게리온〉이라는 만화에 이르기까지 인간과 의과학 기술이 융합된 상상 속의 캐릭터들은 차가운 기계가 아닌 우리와 비슷한 인간이라는 점에서 많은 이들의 공감과 사랑을 받아 왔다. 물론 극에서 등장한 대부분의 기술은 여전히 요원하나, 그중 몇몇 은 끊임없는 기술의 발전으로 어느덧 허구의 틀을 벗어나 조금씩 현실에 있을 법한 단계로 변화하고 있다. 다만 앞서 말한 캐릭터처 럼 인간의 일반 시력이나 청력 등을 뛰어넘는 초능력적인 기술의 개발이 연구의 주된 과제는 아니다. 생체전자공학의 궁극적인 목

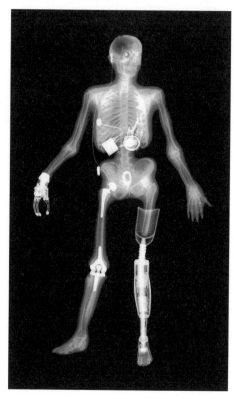

바이오닉 휴먼,
생체전자공학으로 장애를 가진 사람
들의 손상된 신경기능을 회복시킨다.

표는 나이가 들거나 다른 문제로 인하여 귀가 안 들리게 되거나
눈이 먼, 혹은 운동기능에 장애를 가진 사람들의 손상된 신경기능
을 공학기술로 회복시키는 것이다. 이는 모든 기술의 마지막 프런
티어라 여겨지는 인체에 적용되어 듣지 못하는 사람을 듣게 하고
보지 못하는 사람을 보게 하며 걷지 못하는 사람을 걷게 할 수 있
는 혁신적인 기술이며, 급속도로 진행되고 있는 고령화 사회를 준
비하는 데에 반드시 필요하다.

베토벤 소리를 되찾다!-인공청각기술

우스갯소리 같지만 타임머신을 통해 누군가를 데려올 수 있다면 현대의 과학이나 의학 기술로 도움을 주고 싶은 예술인이 있는가? 아마도 청각에 한해서라면 베토벤을 떠올리는 사람이 많을 것이다. 동서고금을 막론한 가장 위대한 작곡가인 그에게 있어서 정말 안타까운 일은 자기가 작곡한 곡을 직접 들어 볼 수 없다는 것 아니었을까?

인간의 귀는 매질의 진동에너지인 소리를 증폭하고 분석하여 전기적인 신경 신호의 형태로 변환하여 뇌에 전달한다. 귀의 내부에 위치한 기관 중 '와우cochlea(달팽이관)'는 이러한 에너지 변환의 최종 단계를 담당한다. 와우 내에 자리한 2만 4,000여 개의 유모세포hair cell들은 진동에너지인 소리에 반응하여 전기적인 신경 신호인 펄스들을 생성하며, 이 신호들은 청각 신경절 세포와 청신경을 거쳐 청각 대뇌피질로 전달되어 소리로 인식된다.

만약 여러 선천적 혹은 후천적인 요인들에 의해 유모세포들에 심각한 손상을 입을 경우 와우는 그 고유의 에너지 변환 기능을 상실하여, 결과적으로 심각한 청력의 손실을 야기한다. 이와 같은 신경기능 장애에 의한 청력 손실은 보청기 등 기존의 청각 보조 장치가 수행하는 음성 증폭 기능만으로는 그 회복이 불가능하지만, 인공와우이식기Cochlear Implant라는 새로운 기술의 장치를 이용함으로써 효과를 볼 수 있다.

인공와우이식기는 와우 내의 신경절 세포를 전기적으로 자극하여 손상된 청각 기능을 회복시키기 위한 장치이다. 1957년 조르노와 에리에 의해 최초로 청각 신경에 대한 구체화된 전기적 자극이 시도된 이후 인공와우이식기는 그 발전을 거듭하여 현재 호주, 미국, 오스트리아 등을 중심으로 상업적인 모델이 제작 판매되고 있다.

인공와우이식기의 작동 원리 및 시술 대상자

인공와우이식기는 기본적으로 마이크로폰, 어음처리기, 외부전송코일로 이루어지는 체외부와 수신코일, 내부자극회로, 자극전극으로 이루어지는 체내부로 구성된다. 음성신호는 마이크로폰을 거치면서 전기신호로 변환되어 어음처리기로 전달된다. 어음처리기는 전달된 신호를 여러 개의 주파수 대역으로 나누고 각 주파수 대역의 음성신호의 크기를 분석한 후, 이에 상응하는 전기 자극이 가해질 수 있도록 디지털 부호화된 자극 신호를 생성하여 내외부 송수신 코일 링크를 통해 체내부로 전달한다. 내부자극회로는 전달된 신호를 해석하여 자극전류 펄스를 생성하고, 이를 지정된 위치에 전달하여 최종적으로 와우 내의 신경절 세포를 자극함으로써 청감각을 유발하고 이 신호가 뇌로 전달되어 소리로 인식하게 된다.

난청을 가진 모든 환자가 인공와우이식기의 시술 대상자가 되는 것은 아니다. 그 대상은 양쪽 귀 모두 90데시벨 이상의 역치를 가지는 고도 난청자이면서 보청기 등 청각 보조 기구 착용 시 문장 인지 정확도 30퍼센트 미만의 스코어를 가지는 환자에 한정된다. 아동의 경우 2세 전후에 역치 90데시벨 이상의 신경성 고도 난청을 가질 경우 시술 대상이 될 수 있다.

국내에서의 인공와우 기술개발

인공와우이식기는 1982년 호주의 코클리어Cochlea사를 필두로 미국의 어드밴스드 바이오닉스Advanced Bionics사, 오스트리아의 메드엘Med-El사 등 3개 회사가 상용화에 성공했으며, 지난 2000년까지 전 세계적으로 70여 개국 5만여 명의 청각 장애 환자에게 이식되었고 2001년 1만 건, 2003년 1만

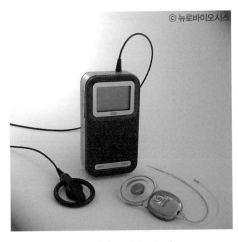

© 뉴로바이오시스

상용화 준비 단계에 있는 (주)뉴로바이오시스의 인공와우 장치

3,000건의 시술이 행해지는 등 연간 30퍼센트 정도의 성장을 지속하고 있다.

국내의 경우 지난 1988년 최초로 시술이 시행된 이래 1998년까지 230여 건의 시술이 이루어졌고, 연간 시술 건수가 약 50퍼센트씩 증가하고 있으며 세계적으로는 2009년 현재 약 10만 명이 이 기술의 혜택을 보았다. 그러나 시술 대상이 되는 청력 상실 환자가 전 세계적으로 1억 명이 넘으며 이들의 80퍼센트 이상이 저개발 국가에 거주하고 있는 현실이다. 즉 그 장치 및 시술 비용이 적지 않아(2,000만~3,000만 원) 현재까지는 지극히 제한적인 환자들만이 그 혜택을 받고 있다고 할 수 있으며, 이를 위해 저가이면서도 고성능인 인공와우이식기의 개발이 꼭 필요하다고 할 수 있다.

서울대학교와 (주)뉴로바이오시스는 산학 협력과 미국 NIH의 신

경보철 연구 그룹 전문가들과의 국제 협력을 통하여 이러한 취지를 만족시키는 다채널 인공와우를 개발하여 2010년 2월 식약청의 적합성 판정을 받았고, 이는 인공와우의 국산화라는 측면에서 큰 의미를 갖는다.

팝 가수 스티비 원더의 계속되는 꿈-인공시각기술

검은 선글라스와 호소력 짙은 목소리로 반세기 가까이 청중들의 가슴을 사로잡아 온 미국의 팝 가수이자 사회활동가인 스티비 원더. 여러 가지 악기를 다루는 데에 능숙하고 지금까지 총 1억 장이 넘는 음반 판매고를 올렸음에도 불구하고, 그가 끊임없이 열망하는 바는 유아기에 불의의 사고로 실명한 눈을 통해 다시 사물을 보는 것이다. 그의 꿈은 일견 불가능하게 보일지도 모른다. 하지만 그의 소박하지만 이뤄지기 어려운 꿈은 과학기술과 의학 기술의 눈부신 발전을 등에 업은 시각보철이라는 기술을 통해 점차 현실화되고 있다.

시각보철을 필요로 하는 질병은 주로 망막에 문제가 생긴 환자에 해당한다. 망막에 생기는 질병으로 시력 회복을 불가능케 하는 질병에는 RPRetinitis Pigmentosa(망막색소 상피변성증)와 AMDAge-related Macular Degeneration(연령관련 황반변성증)가 있다. 사람이 사물을 보는 첫 단계는 외부의 빛이 수정체를 통해 안으로 들어와 안구 내벽에 자리 잡은 망막에 맺히고, 망막의 가장 아래쪽에 있는 광수용체가 사물의 빛 정보를 신경 신호로 변환하는 것이다. 하지만 RP와 AMD 환자의 경우 시간이 경과할수록 점차 광수용체의 영역이 사라져 결국 빛 신호 변환을 하지 못하게 되어 실명에 이른다. 통계적으로 약 4만 명 정도가 이 질병으로 고생한다고 추측할 수 있다. 또한 국가배상법 시행령에서 정한 장해 등급표에 따르면, 양쪽 눈의 시력을 상실한 경우 100퍼센트 노동력을 상실했다고 보므로, 시각보철은 단순히 개인의 만족을 떠나서 경제적으로도 사회적으로도 필요한 기술이다.

시각보철의 방법

시각보철의 목적은 위의 RP, AMD로 인해 손실되는 광수용체의 빛 자극을 전기 자극으로 변환시키는 역할을 대신하는 방법인 전기생리학적인 방법과, 광수용체와 색소 상피층을 외부에서 배양하여 이식시키는 방법이 연구되고 있다. 이 중 이식을 통해 광수용체의 역할을 회복하는 기술의 경우, 현재의 기술력으로는 이식체가 기존 세포층에 안착되는 정도가 낮아 아직까지는 요원하다. 전기생리학적인 방법을 이용한 기술은 현재 여러 그룹에서 다각도로 연구되고 있으며 최근 미국식품의약국의 승인을 받은 몇몇 그룹들이 사람을 대상으로 실험을 수행할 수 있는 정도가 되었다.

시각보철기술의 현재와 미래

여러 연구 팀들이 여러 가지 기초 및 임상 실험 데이터를 보여 주고 있다. 그중에서도 가장 앞선 실적은 USC(남가주 대학) 팀의 망막 상부 자극 실험과 벨기에 팀의 시신경 자극 실험이라고 할 수 있다. USC 팀은 수 명의 환자로부터, 벨기에 팀은 한 명의 환자로부터 수년간 지속적인 임상 데이터를 획득하고 있다. 이들에 의하면 현재의 수준은 대조가 뚜렷한 바탕과 무채색(예를 들어 검정색 배경에 흰 컵)일 경우 1분 이내에 그 물체를 인식하는 정도이다. 대상 환자는 모두 후천성 RP 환자였다.

이러한 연구 결과들은 1990년대에 들어서야 연구가 본격적으로 진행되었음을 고려할 때 불과 십여 년 만에 임상적으로 의미 있는 데이터를 보인 것이므로 상당히 고무적이다. 다만 질 높은 이미지를 제공하기 위해서는 망막의 신경망과 뇌에서의 학습과 관련한 신경생리학적인 연구가 필요하고, 이를 토대로 한 신호처리 연구가 뒤따라야 할 것이다. 또한 서두에 언급한 스티비 원더와 같이 시각 기능이 뇌에서 형성되기 전에 이미 시력을 상실한 경우는 뇌에서 시각 정보를 처리하는 기능 자체가 없으므로 단순히 상실한 시력을 회복하는 것 이상의 기술 및 체계적인 교육과정 역시 개발해야 한다.

국내에서의 인공망막 기술개발

서울대학교 전기공학부와 안과학교실이 주축이 된 인공망막 개발팀은 2000년 한국과학재단의 지원을 받아 설립된 초미세생체전자시스템연구센터(공학)와 2004년 보건복지부의 지원을 받아 설립된 나노인공시각센터(의학)에서 인공시각에 대한 연구를 진행해 오고 있다. 전자공학팀, 안과팀, 생리학팀의 연계 아래 현재 부드러운 폴리이미드라는 물질을 기반으로 한 전극을 개발하여 생체 안전성을 검증했으며, 망막 상부 자극을 위한 망막 못, 망막 상부 및 하부 자극을 위한 시술법 등의 개발을 진행하였다. 앞으로 본격적인 인공시각 개발을 위하여 전기 자극 칩 개발, 신호 무선 전송 시스템 개발, 동물을 이용한 전임상 실험, 환자를 대상으로 하는 임상 실험 등을 앞두고 있다.

무하마드 알리, 안타까운 영웅의 오늘 – 심뇌자극기술

아마도 충격이었을 듯하다. 1997년 애틀랜타 올림픽의 마지막 성화 봉송 주자. 그는 더 이상 우리가 머릿속에 그려 오던 전설의 복서 무하마드 알리가 아니었다. '나비처럼 날아 벌처럼 쏜다'는 문구에 걸맞게 가벼운 움직임과 속사포처럼 꽂아 대는 그의 펀치는 그 시절 아이들의 영웅심을 자극시키기에 충분했다. 하지만 이러한 전설을 그토록 처참히 무너뜨린 것은 권투가 아닌 파킨슨병이라 불리는 일종의 운동신경 장애였다. 운동장애에는 파킨슨병Parkinson's disease, 본태성 진전essential tremor, 이상운동증dyskinesia, 근긴장이 상증dystonia, 간질epilepsy 등이 있는데, 그중 파킨슨병은 교황 요한 바오로 2세, 영화배우 마이클 제이 폭스 등의 유명 인사들이 이 질병의 환자로 알려져 국내에서도 관심과 인식이 높아진 바 있다.

　1817년 영국인 의사인 제임스 파킨슨에 의해 처음으로 학계에 보고된 파킨슨병은 노인성 치매 다음으로 가장 흔한 비혈관계 퇴행성 뇌 질환 중 하나로 주로 노인층에 많이 발생하며, 노령 인구가 증가하면서 발병률도 높아지고 있다. 일례로 미국의 경우 파킨슨병 환자가 수백만 명으로 추산되며 발병 빈도는 일 년에 10만 명당 20명 정도로 알려져 있다. 우리나라는 현재 10만 명당 10명 정도로 고령화에 따라 점차 그 수가 증가 중이므로 관심도가 점차 높아지고 있다.

파킨슨병의 발병 기전과 재활 치료 방법

파킨슨병의 발병 기전은 현재까지 명확히 밝혀지지 않고 있으며, 이 질병이 생기는 직접적인 원인은 뇌 신경전달물질의 일종인 도파민의 고갈 때문으로 알려져 있다. 도파민은 인체의 운동을 부드럽고 조화 있게, 또는 정확하게 수행할 수 있도록 해 주는 기저핵 동작을 조절하는데, 이유가 정확히 밝혀지지 않은 흑색질 신경세포의 파괴에 의한 도파민의 고갈로 인해 기저핵의 기능을 잃게 되어 파킨슨병을 비롯한 운동장애를 유발하게 된다.

파킨슨병의 치료 방법에는 부족한 도파민을 보충해 주는 약물 치료법drug medication, 도파민 부족으로 인해 비정상적 활동을 하는 뇌 구조물을 완전히 제거해 주는 수술법ablative surgery 및 심뇌 자극법deep brain stimulation이 있다. 약물 치료법은 뇌에서 부족해진 도파민을 보충해 주고, 도파민 부족으로 인해 생긴 신경전달물질의 불균형을 맞추는 방법이지만 근본적인 치료가 아닌 증상의 조절을 목적으로 하므로 증세 호전 비율이 낮고 시간 경과에 따라 효과가 떨어지는 단점이 있다. 제거 수술법은 가장 고전적인 치료 방법이고 현재까지도 사용되고 있지만 절제 시 부작용에 의해 주변 뇌의 기능에 손상을 야기할 수 있다는 문제를 안고 있다. 최근 세포 배양술 및 수술 기법의 발달로 도파민을 생성할 수 있는 세포를 직접 뇌에 이식하는 방법이 가능하게 되었지만 그 효과 및 연구 성과에 있어서는 아직 미흡한 실정이다.

심뇌자극법은 병반 주위에 미세한 전극을 삽입하고 전기 자극을 가함으로써 운동장애를 치료하는 방법으로, 파킨슨병뿐만 아니라 떨림tremor을 포함한 각종 운동장애에 효과가 있는 것으로 밝혀져 활발히 연구가 진행되고 있다. 특히 약물 치료나 수술에 비해 치료 효과가 크고, 뇌 손상의 위험이 적으며, 뇌 조직을 제거하지 않기에 추후 새로운 치료법이 개발될 경우 적용이 용이하다는 장점을 지니고 있다. 다만 무하마드 알리와 같이 반복된 뇌 충격이 1차적인 병인으로 작용하거나 마이클 제이 폭스와 같이 일찍 병이 발병하고 병세가 빠르게 진행되는 등의 특수한 경우는, 현재의 자극 방식만으로는 효과를 볼 수 없기 때문에, 차후 개발하는 시스템에서는 보다 넓은 영역의 조건을 만족시켜 수혜 계층을 넓힐 수 있도록 심도 있는 연구를 수행해야 할 것이다.

국내에서의 심뇌자극기 기술개발

심뇌자극기는 1997년 미국식품의약국의 허가를 획득했으며, 해마다 1만 5,000명에 해당하는 환자들이 시술 후보가 된다고 보고되고 있다. 현재 메드트로닉Medtronic사에서 '액티바 파키슨병·수족부의 떨림 제어 치료법Activa™ Parkinson/Tremor Control Therapy'이란 이름으로 전 세계에 공급 중이며, 국내에는 2000년 2월부터 세브

란스 등 주요 대학병원에서 시술을 하고 있다.

현재 서울대학교 전기공학부 심뇌자극 연구 팀은 연세대학교 신경외과 및 ㈜엠아이텍과의 산학 연계를 통해 심뇌자극기의 연구를 진행하고 있다. 기존에 시술되고 있는 심뇌자극기의 단점인 제한된 배터리 수명으로 인한 잦은 교체와 큰 크기로 인한 수술의 복잡성 등을 극복하고, 원하는 자극 부위에 대한 생체 신호의 피드백을 통한 효과적인 심뇌자극을 위해 차세대 심뇌자극기의 개발을 진행 중이다.

참고문헌 ──────────────────────────────

- "'Bionic' Eye Restores Vision after Three Decades of Darkness", Larry Greenemeier, *Scientific American*, 2009. 3. 4.
- "A Vision for The Blind", Ingrid Wickelgren, *Science*, 2006. 5. 26.
- 《재활청각학 : 인공와우/ 보청기/ 양이청취》, 허승덕·최아현·강명구, 시그마프레스, 2006.
- "Design for a Simplified Cochlear Implant System", Soon Kwan An, Se-Ik Park, Sang Beom Jun, Choong Jae Lee, Kyung Min Byun, Jung Hyun Sung, Blake S. Wilson, Stephen J. Rebscher, Seung Ha Oh and Sung Jun Kim, *IEEE Trans. Biomed. Eng.*, 2007. 6.
- "How Deep Brain Stimulation Works for Parkinson's", Tina Hesman Saey, *Science News*, 2009. 4. 11.

이인식(지식융합연구소 소장)

서울대학교 전자공학과를 졸업하였다. 현재 지식융합연구소 소장이며, 과학문화연구소장, 국가과학기술자문회의 위원, KAIST 겸직교수를 역임했다. 대한민국 과학 칼럼니스트 1호로서 〈조선일보〉〈중앙일보〉〈동아일보〉〈한겨레〉〈부산일보〉 등 신문에 470편 이상의 고정 칼럼을, 〈월간조선〉〈과학동아〉〈주간동아〉〈한겨레 21〉 등 잡지에 160편 이상의 기명 칼럼을 연재하며 인문학과 과학기술이 융합한 지식의 다양한 모습을 소개하고 있다. 2011년 일본 산업기술종합연구소의 월간지〈PEN〉에 나노기술 칼럼을 연재하여 국제적인 과학 칼럼니스트로 인정받기도 했다. 저서로는《자연은 위대한 스승이다》《짝짓기의 심리학》《미래교양사전》《지식의 대융합》 등이 있다.

9장
뇌-기계 인터페이스

사람들이 단지 생각하는 것만으로 컴퓨터를 사용하고,
자동차를 몰고, 서로 의사소통하는 세상을 한번 상상해 보라.

-미겔 니코렐리스Miguel Nicolelis

1

키보드나 마우스에 손을 대지 않고 생각만으로 컴퓨터를 사용할 수 없을까. 공상과학소설에 나옴 직한 꿈같은 이야기가 이제 현실로 다가오고 있다. 사람의 근육, 눈알, 뇌를 컴퓨터에 연결하여 이들로부터 나오는 전기신호로 컴퓨터를 동작시키는 연구가 괄목할 만한 성과를 거두고 있기 때문이다.

1849년 독일 생리학자에 의해 팔의 근육이 수축할 때 미세한 방전이 일어나는 사실이 관찰되었다. 근육으로부터 발생하는 전기신호는 근전도EMG로 기록된다. 사람 피부에 미세전극을 꽂으면 EMGelectromyogram 신호를 감지할 수 있다. 이 신호의 전압을 약 1만 배 정도 증폭하여 컴퓨터로 보내면 소프트웨어가 근육의 수축 활동 패턴을 분석한다. 컴퓨터는 근육 신호의 내용에 따라 움직인다. 요컨대 사람의 근육수축이 마우스를 쓰는 것처럼 컴퓨터에 명령을 내리게 된다.

이러한 장치는 신체 장애인에게 매우 유용한 것으로 입증되었다. 1993년 미국에서 자동차 사고로 목 아래가 완전 마비된 열 살짜리 소년의 얼굴에 EMG 장치의 전극을 연결했는데, 일부 안면 근육을 실룩여서 컴퓨터 화면의 물체를 이동시켰다. 물론 장애가 없는 사람에게도 도움이 된다. EMG 마우스를 사용하면 팔뚝 근육만으로 화면 위의 커서를 움직일 수 있다.

사람의 눈알은 일종의 전지이다. 각막 사이에 전압 차이가 있으므로 안구에서 전기신호가 발생한다. 눈의 움직임에 따라 일어나는 전기신호는 안전도EOG로 기록된다. 몇 개의 전극으로 눈의 움직임을 감지하여 컴퓨터로 보내면 소프트웨어가 분석하여 EOGelectrooculogram 신호에 따라 작동한다.

눈의 움직임으로 동작되는 컴퓨터는 신체 장애인에게 도움이 된다. 1991년 미국에서 척수가 심하게 손상된 18개월짜리 소녀의 머리에 EOG 장치를 부착했는데, 눈알을 깜박거려 컴퓨터 화면 위의 글자를 재빨리 이동시켰다. 또한 EOG 신호로 사람의 시선을 추적할 수 있게 됨에 따라 의사들이 내시경으로 수술할 때 사용하는 카메라를 손 대신 눈으로 조종하는 EOG 장치가 개발되고 있다.

2

뇌를 컴퓨터나 로봇 같은 기계장치에 연결하여 손을 사용하지 않고 생각만으로 제어하는 기술은 뇌-기계 인터페이스brain-machine

BMI 기술은 뉴런의 전기적 신호나 뇌파를 활용해 기계를 제어한다.

interface 또는 마음-기계 인터페이스mind-machine interface라 한다. BMI 또는 MMI에는 두 가지 접근 방법이 있다. 하나는 뇌의 활동 상태에 따라 주파수가 다르게 발생하는 뇌파를 이용하는 방법이고, 다른 하나는 특정 부위 신경세포(뉴런)의 전기적 신호를 활용하는 방법이다.

1924년 독일의 정신과 의사인 한스 베르거(1873~1941)는 자기 아들의 두피에 전극을 부착하여 대뇌의 전기적인 활동, 곧 뇌파를 기록한 연구 논문을 발표하였다. 이 논문이 뇌전도EEG 연구의 효시이다. EEGelectroencephalogram는 뉴런의 활동전위를 미시적으로 측정하는 것과는 달리 뇌의 거시적인 전위를 기록할 수 있으므로 1,000억 개에 달하는 전체 뉴런 집단의 전기적 활동을 파악할 수 있다.

뇌파를 이용하는 BMI 기술은 먼저 머리에 띠처럼 두른 장치로 뇌파를 모은다. 이 뇌파를 컴퓨터로 보내면 컴퓨터가 뇌파를 분석하여 적절한 반응을 일으킨다. 이를테면 컴퓨터가 사람의 마음을 읽고 스스로 동작하는 셈이다.

뉴런의 신호를 활용하는 BMI 기술은 뇌의 특정 부위에 미세전극이나 반도체 칩을 심는다. 이러한 뇌 이식brain implant 장치를 처음으로 개발한 인물은 미국 에머리 대학의 신경과학자인 필립 케네디이다. 1998년 3월 그가 만든 최초의 BMI 장치가 뇌졸중으로 쓰러져 목 아래 부분이 완전 마비된 환자의 두개골에 구멍을 뚫고 이식되었다. 그는 눈꺼풀을 깜박거려 겨우 자신의 뜻을 나타낼 뿐 조금도 몸을 움직일 수 없는 중환자였다. 케네디의 BMI 장치에는 미세전극이 한 개 밖에 없었다. 사람 뇌에는 운동 제어에 관련된 신경세포가 수억 또는 수십억 개 이상이 있으므로 한 개의 전극으로 신호를 보내 몸의 일부를 움직일 수 있다고 생각한 것 자체가 엉뚱할 수 있었다. 그러나 케네디와 환자의 끈질긴 노력 끝에 마음먹은 것만으로 컴퓨터 화면의 커서를 움직이는 데 성공했다.

케네디는 사람의 뇌에 이식한 미세전극이 뉴런의 신호를 받아 컴퓨터로 전달하는 방식으로 손을 쓰는 대신 생각만으로 기계를 움직일 수 있는 BMI 실험에 최초로 성공하는 기록을 세운 것이다.

1999년 2월 독일의 신경과학자인 닐스 비르바우머는 목이 완전

마비된 환자의 두피에 전자장치를 두르고 뇌파를 활용하여 생각만으로 1분에 두 자 꼴로 타자를 치게 하는 데 성공하였다.

1999년 6월 브라질 출신의 미국 신경과학자인 미겔 니코렐리스(1961~)와 동료인 존 채핀은 케네디의 환자가 컴퓨터 커서를 움직이던 것과 똑같은 방식으로 생쥐가 로봇 팔을 조종할 수 있다는 실험 결과를 내놓았다.

이어서 2000년 10월에는 부엉이원숭이를 상대로 실시한 BMI 실험에 성공했다. 원숭이 뇌에 머리카락 굵기의 가느다란 탐침 96개를 꽂고 원숭이가 팔을 움직일 때 뇌 신호를 포착하여 이 신호로 로봇 팔을 움직이게 한 것이다. 또 원숭이 뉴런의 신호를 인터넷으로 약 1,000킬로미터 떨어진 장소로 보내서 로봇 팔을 움직이는 실험에도 성공했다. BMI 기술로 멀리 떨어진 곳의 기계를 원격 조작할 수 있음을 보여 준 셈이다.

2003년 6월 니코렐리스와 채핀은 붉은털원숭이의 뇌에 700개의 미세전극을 이식하여 생각하는 것만으로 로봇 팔을 움직이게 하는 데 성공하였다.

2004년 이들은 32개 전극으로 사람 뇌의 활동을 분석하여 신체 마비 환자들에게 도움이 되는 BMI 기술 연구에 착수하였다.

2008년 5월 미국 피츠버그 대학의 신경과학자인 앤드루 슈워츠는 원숭이가 생각만으로 로봇 팔을 움직여 음식을 집어먹도록 하는 데 성공했다고 밝혔다. 원숭이 두 마리 뇌의 운동피질에 머리카락 굵기의 가느다란 탐침을 꽂고 이것으로 측정한 신경 신호를 컴퓨터로 보내서 로봇 팔을 움직여 꼬챙이에 꽂혀 있는 과일 조각을 뽑아 자기 입으로 집어넣게 만들었다.

BMI 기술은 1998년 필립 케네디처럼 뇌에 미세전극이나 반도체 칩을 이식하여 신경세포의 신호를 이용하는 방법과, 1999년 닐스 비르바우머처럼 두피에 뇌파 기록 장치를 씌우는 방법으로 양분되어 발전을 거듭하고 있다.

3

뇌-기계 인터페이스 기술을 실현한 제품도 잇따라 발표되고 있다. 2004년 9월 미국 신경과학자인 존 도나휴 교수는 자신이 창업한 회사에서 뇌에 이식하는 반도체 칩인 브레인게이트BrainGate를 개발했다. 사람 머리카락보다 가느다란 전극 100개로 구성된 이 장치는 팔과 다리를 움직이지 못하는 25살 청년의 신경세포 100개에 접속되도록 운동피질에 1밀리미터 깊이로 심어졌다. 9개월이 지나서 이 젊은 환자는 생각만으로 컴퓨터 커서를 움직여 컴퓨터 게임을 즐기거나 전자우편을 보내고, 텔레비전을 켜서 채널을 바꾸거나 볼륨을 조절하는 데 성공했다. 또 자신의 로봇 팔, 곧 의수를 마음대로 사용할 수 있었다.

전신마비 환자들이 생각하는 것만으로 혼자서 휠체어를 운전할 수 있는 기술도 실현되었다. 2009년 5월 스페인에서, 6월 일본에서 각각 생각만으로 움직이는 휠체어가 개발되었다. 스페인의 휠체어 사용자는 16개의 전극이 달린 두건을 쓰는 반면에 일본의 것은 5개의 전극이 오른쪽과 왼쪽에 각각 두 개와 가운데에 한 개가 달

게임용 뇌파 헤드셋(이모티브)

린 두건을 쓴다. 두건의 뇌파 측정 장치는 전신마비 환자가 생각을
할 때 뇌파의 변화를 포착한다. 이 신호를 받은 컴퓨터는 환자가
어떤 동작을 생각하는지 판단하여 휠체어의 모터를 작동시킨다.

　일본의 휠체어는 조작 방법이 간단하다. 오른쪽 손을 쥐는 생각
을 하면 휠체어가 오른쪽으로 회전하고, 왼쪽 손을 생각하면 왼쪽
으로 회전한다. 두 발로 걷는 동작을 생각하면 휠체어는 직진한다.
아무 생각도 하지 않으면 휠체어는 멈춘다.

　손을 쓰지 못하는 척추장애인들이 원하는 시간과 장소에서 소
변을 볼 수 있게끔 뇌파로 작동하는 방광 제어장치도 개발되었다.

미겔 니코렐리스가 주도하는 국제적 공동 연구인 '다시 걷기 프로젝트Walk Again Project'는 전신마비 환자에게 온몸을 움직일 수 있는 능력을 되찾아 주는 기술을 개발하고 있다. 환자에게는 전신을 감싸는 옷처럼 생긴 외골격exoskeleton을 입힌다. 이는 일종의 입는 로봇인 셈이다. BMI 기술로 전신 외골격의 동작을 제어하게 되면 전신마비 환자들도 다시 걸어 다닐 수 있게 될 것으로 기대된다.

한편 뇌파를 이용하는 BMI 기술은 비디오 게임은 물론 스포츠, 교육, 마케팅 분야에서까지 널리 실용화되고 있다.

2008년 초에 미국 이모티브Emotive 시스템즈는 생각만으로 게임을 조작하는 주변장치인 에폭EPOC을 선보였다. 머리에 쓰는 헤드셋처럼 생긴 에폭에는 16개의 뇌파 감지 센서가 달려 있어 마음만

골프 선수용 뇌파 헤드셋(뉴로스카이)

먹으면 밀기·들어 올리기·회전하기와 같은 간단한 행동을 게임 속의 캐릭터에게 명령할 수 있다. 특히 분노·흥분·긴장 등 사람의 감정 변화와 미소·곁눈질 등 얼굴 표정까지 판독하여 사용자가 화를 내면 게임 속의 캐릭터도 얼굴을 찌푸리고 사용자가 웃으면 캐릭터도 따라서 웃는다.

2011년 4월 EEG 헤드셋 전문기업인 미국의 뉴로스카이NeuroSky는 100달러짜리 헤드셋인 마인드웨이브MindWave를 출시했다. 마인드웨이브에는 뇌파 감지 센서가 한 개밖에 달려 있지 않지만 성능이 뛰어나서 미국 올림픽 대표 팀의 양궁 선수들이 마음의 평정을 유지하는 데 활용하고 있다. 뉴로스카이의 협력회사는 골프 선수가 모자처럼 쓰는 EEG 헤드셋도 내놓았다. 뇌파 감지 센서가 두 개 달린 이 헤드셋을 착용하고 골프 시합을 하면 스윙할 때처럼 중요한 순간에 정신 집중 상태를 파악할 수 있으므로 주의가 산만해지는 것을 방지할 수 있다고 한다.

뉴로스카이의 헤드셋과 함께 제공되는 게임 소프트웨어인 스피드매스SpeedMath는 학생들의 학습 효과를 증진시키는 데 효과가 있는 것으로 확인되었다. 스피드매스를 하면 학생들이 쉬운 문장과 어려운 문장을 읽을 때 각각 뇌 활동 상태를 파악할 수 있다. 따라서 이 게임을 하면서 학생들은 어떤 공부에 가장 많은 정신적 노력이 필요한지 알 수 있으므로 교사들은 학생 개개인에게 적합한 맞춤형 교육을 실시할 수 있다.

2011년 초에 영국 회사인 마인드플레이Myndplay가 선보인 게임 역시 청소년의 교화에 활용된다. 교도소에 수감된 18~25세의 젊은이들에게 이 게임을 하도록 해서 가령 범죄나 폭력에 휘말릴 뻔한 상황에서 자신의 생각이나 행동을 어떻게 제어하는지 스스로 보게끔 했다. 이러한 과정을 통해 불량 청소년의 반사회적 행동이나 범죄 충동이 완화될 것으로 기대하고 있다.

뇌파 BMI 기술은 신경 마케팅neuromarketing에서도 활용될 전망이다. 신경 마케팅은 소비자의 구매동기에 영향을 미치는 뇌의 구조와 기능을 연구하여 상품의 판매 및 광고 전략을 수립하는 분야이다. 시장조사 회사들은 그동안 기능성 자기공명영상fMRI장치를 사용하여 신경 마케팅 연구를 했다. 그런데 2011년 3월 간단한 EEG 헤드셋으로도 소비자의 뇌 속에서 일어나는 구매 욕구, 상품에 대한 호기심, 광고에 대한 반응을 측정할 수 있는 것으로 밝혀져 신경 마케팅이 크게 활성화될 것 같다.

4

뇌-기계 인터페이스 전문가들은 2020년경에 비행기 조종사들이 손 대신 머릿속 생각만으로 계기를 움직여 비행기를 조종하게 될 것이라고 이구동성으로 전망한다.

2009년 1월 버락 오바마 미국 대통령이 취임 직후 일독해야 할 보고서 목록에 포함된 〈2025년 세계적 추세Global Trends 2025〉에도 이와 유사한 대목이 나온다. 2025년의 세계 정치·경제·과학기술 등에 관한 예측이 실려 있는 이 보고서에는 미국의 국가 경쟁력에 파급 효과가 막대할 것으로 여겨지는 현상 파괴적 기술

disruptive technology 여섯 가지가 분석되어 있다. 그중 하나로 선정된 로봇 분야를 보면 전투용 로봇에 BMI 기술이 적용되어 군사작전과 정찰을 효율적으로 수행할 수 있을 것이라고 언급되어 있다. 특히 2020년에 생각 신호로 조종되는 무인 차량이 전쟁터에 투입되는 것으로 전망하였다. 이를테면 병사가 타지 않은 BMI 탱크를 먼 거리에서 마음먹은 대로 움직일 수 있다는 것이다.

니코렐리스 역시 이와 비슷한 전망을 내놓았다. 2011년 3월 펴낸 저서인 《경계를 넘어서*Beyond Boundaries*》에서 니코렐리스는 "앞으로 10~20년 안에 사람의 뇌와 각종 기계장치가 연결된 네트워크가 실현될 것"이라고 전망하고, 인류가 단지 생각하는 것만으로 컴퓨터를 사용하고 자동차를 운전할 뿐만 아니라 다른 사람과 의사소통하는 세상이 다가오고 있다고 강조했다. 그는 BMI 기술의 발전으로 "인류는 생각만으로 제어되는 자신의 분신(아바타)을 이용하여 접근이 불가능하거나 위험한 환경, 예컨대 원자력발전소, 깊은 바닷속, 우주 공간 또는 사람의 혈관 안에서 임무를 수행할 수 있다."고 주장하였다. 이를 위해서는 뇌-기계-뇌 인터페이스brain-machine-brain interface기술이 실현되어야 한다.

BMBI는 사람 뇌에서 기계로 신호가 한쪽 방향으로만 전달되는 BMI와 달리 사람 뇌와 기계 사이에 양쪽 방향으로 정보가 교환된다. 니코렐리스는 2020~2030년 안에 BMBI가 실현되면 "듣지도, 보지도, 만지지도, 붙잡지도, 걷지도 또는 말하지도 못하는 수백만 명에게 신경기능을 회복시켜 줄 것"이라고 전망하였다. 그는 뇌-기계-뇌 인터페이스 기술의 발전에 따라 궁극적으로 사람 뇌를 사람

몸으로부터 자유롭게 하는 순간, 곧 몸에 의해 뇌에 부과된 물리적인 경계를 넘어서는 경이로운 순간이 찾아올 것이라고 주장하였다.

니코렐리스는 뇌가 몸으로부터 완전히 해방되면 사람의 뇌끼리 서로 연결되는 네트워크인 뇌 네트brain-net가 형성되어 생각만으로 소통하는 뇌-뇌 인터페이스brain-brain interface 시대가 올 것이라고 내다보았다.

BBI 기술이 실현되려면 무엇보다 뇌 이식 기술이 발전하여 가령 신경세포 안에서 뇌의 활동을 직접 관찰하거나 측정하는 장치가 개발되어야 한다. 이러한 장치는 신경세포 활동의 정보를 무선 신호로 바꾸어 뇌 밖으로 송신한다. 거꾸로 무선 신호를 신경 정보로 변환하는 수신 장치를 뇌에 삽입할 수도 있다. 이처럼 뇌 안에 무선 송수신기가 함께 설치되면 뇌에서 뇌로 직접 정보 전달이 가능하다. 이러한 BBI 통신 방식은 무선 텔레파시radiotelepathy라고도 불린다.

미국의 이론물리학자인 프리먼 다이슨(1923~)이나 영국의 로봇공학자인 케빈 워릭(1954~)이 꿈꾼 대로 2050년경 무선 텔레파시 시대가 올 것도 같다. 1997년 펴낸 《상상의 세계Imagined Worlds》에서 다이슨은 21세기 후반에 인류가 텔레파시 능력을 갖게 될 가능성을 언급했고, 2002년 펴낸 《나는 왜 사이보그가 되었는가I, Cyborg》에서 워릭은 2050년 지구를 지배하는 사이보그들이 생각을 신호로 보내 의사소통하게 된다고 상상했다.

21세기 후반에 뇌-뇌 인터페이스 장치를 뇌에 이식한 사람들이 전 세계의 컴퓨터 네트워크에 접속되면 말 한 마디 하지 않고 오로지 마음만으로 세계 곳곳의 사람들과 소통하게 될 터이므로 전화는 물론 언어까지 쓸모가 없어져 사라질는지 모른다.

참고 문헌 ————————————————————

- *Toward Replacement Parts for the Brain*, Theodore Berger & Dennis Glanzman, MIT Press, 2005.
- *The Scientific American Brave New Brain*, Judith Horstman, Jossey-Bass, 2010.
- *World Wide Mind*, Michael Chorost, Free Press, 2011.
- *Beyond Boundaries*, Miguel Nicolelis, Times Books, 2011.
- *Brain-Computer Interface*, Kevin Roebuck, Tebbo, 2011.
- *Brain-Computer Interfaces*, Bernhard Graimann & Brendan Allison, Springer, 2011.

황상익(서울대학교 의과대학 인문의학교실 교수)

1977년 서울대학교 의과대학을 졸업하고 같은 학교 대학원에서 의학 석사 및 의학 박사 학위를 받았다. 한국근현대의학사, 의료사회사, 생명의료윤리를 전공했으며, 현재 서울대 의과대학 인문의학교실 교수로 재직하고 있다. 한국과학사학회, 대한의사학회, 한국생명윤리학회 회장을 역임했다. 저서로 《근대 의료의 풍경》《황우석 사태와 한국사회》(공저) 《의학의 역사》《역사 속의 의인들》《역사와 사회 속의 의학》《문명과 질병으로 보는 인간의 역사》 등 다수가 있고, 역서로 《처음 읽는 이야기 의학사》《문명과 질병》《세계 의학의 역사》 등이 있다.

*10*장
따뜻한 의사, 따뜻한 의학

1

얼마 전 찾아온 대학 후배는 개원(개업) 의사의 어려움을 여러 가지로 털어놓았다. 그중에서도 그가 특히 견뎌 내기 힘들고 비애까지 느끼는 것은 어린이 환자나 그 보호자들이 자신을 종종 '의사 아저씨'나 그냥 '아저씨'라고 부르는 것이라고 한다. 그런 취급을 받을 것이라면 차라리 의사가 되지 않았던 편이 나을 거라고도 했다. 의사를 아저씨라고 부르는 경우가 얼마나 흔한지는 알 수 없지만 의사들의 불만 목록에 종종 오르는 것을 보면 드문 일은 아닐 듯싶다. '판사 아저씨', '교수 아저씨'라고 하지 않는 것을 생각하면 의사들의 불만에 일리가 있는 듯도 싶다.

의사, 판사, 교수는 '직업적으로' 대하는 상대가 다르다. 판사와 교수가 직업상 만나는 사람은 거의 예외 없이 어른인 반면, 의사는 자주 어린이를 대한다. 그리고 그 어린이 환자 가운데 일부가 아저씨라는 호칭으로 의사들의 비위를 긁는 것이다. (보호자들은 자기 자녀의 말을 그냥 따라 하는 것이리라) '어린아이니까' 하고 그냥 넘어가면 될 일에 과잉 반응을 보이는 것이 오늘날 의사들의 처지를 보여 주는 징표일지도 모른다.

하지만 대부분의 어린이를 포함하여 거의 모든 환자와 보호자가 '의사 선생님'이라는 호칭을 사용한다. 언어학자나 국문학자들이 밝혀야 할 문제지만 언제부터 그런 호칭이 쓰이기 시작했을까? 조선 시대에는 의사 대신 주로 의원醫員이라는 단어를 사용했으니 '의원 선생님'이라고 했을까? '스승 사師'자가 붙는 의사醫師라는 단어가 본격적으로 쓰이기 시작한 일제강점기부터 '의사 선생님'이라는 호칭도 등장했던 것일까?

최근 들어 입원 병동에서 환자들이 '간호사 선생님'이라는 호칭을 더러 사용하기도 하지만, 어쨌든 직업 명칭에 선생님을 붙여 사용하는 것은 의사가 유일하다. 누구도 '판사 선생님', '교수 선생님'이라고 부르지 않는다. (북녘에서 사용하는 '교수 선생, 기자 선생' 등은 의미나 용례가 조금 다를 것이다) 왜 다른 직업과 달리 의사에게만 선생님이라는 호칭이 붙는 것일까? 건강 지도 등 교육자로서의 역할이 있기 때문일까? 교사와 교수는 직업 이름 자체에 가르친다는 뜻이 있기 때문에 선생님을 반복적으로 사용하지 않는 것일까?

'선생님'은 사람마다 조금씩 다른 의미로 사용되고 있다. 어떤 사람은 존경의 뜻으로, 어떤 사람은 친숙함의 표현으로 쓴다. 대개는 두 가지가 섞여 있을 것이다. 요즈음 들어서는 대상을 가리지 않고 거의 무제한적으로 쓰는 경우도 늘어나고 있다. '선생님'의 과잉 사용 현상이라고 해야 할는지.

내가 보기에 의사들은 대체로 '선생님'을 존경의 뜻으로 받아들인다. 따라서 선생님 대신 존경의 의미가 별로 없는 아저씨라고 불리는 것을 못 견뎌 하는 것이다. 만약 학생과 피의자들이 교수·교사와 판사를 아저씨라고 부른다면 선선히 받아들일 수 있을까? 아니, 직업과 무관하게 길거리에서 생면부지의 사람이 아저씨라고 부르는 것도 불편하게 여기는 사람이 적지 않을 것이다. 따라서 의사들이 아저씨 호칭을 싫어하는 것은 충분히 이해할 만하다.

한편 환자들이 '의사 선생님'이라고 하는 데에는 물론 존경이나 외경畏敬의 뜻이 담겨 있지만(의사에게 밉보이지 않으려는 전략도 포함해서) 그에 못지않게 친밀함, 나아가 심정적으로 의지하려는 심리도 들어 있다고 여겨진다. 환자-의사, 학생-교사·교수, 피의자-판사 사이를 '특수 권력관계'라고 하는데, 그 가운데서도 환자-의사 관계는 환자의 생명과 건강을 둘러싼 것이기 때문에 더욱더 특별하고 특수하다. 이런 점은 의학과 의술이 발달할수록 더욱더 강화되어 왔다.

2

흔히 생각하는 것과 달리, 의학과 의술이 환자의 생명을 구하고 많은 질병을 치료할 수 있게 된 것은 그리 오래된 일이 아니다. 동서양을 막론하고 19세기 중엽까지만 하더라도 완치할 수 있는 질병은 거의 없었다. 그에 따라 의사는 질병의 치료자이기보다는 환자

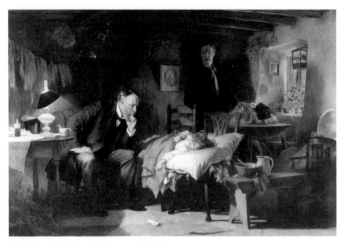

필데스Samuel Luke Fildes(1843~1927) 작 〈의사The Doctor〉(1891년 무렵)

와 고통을 함께 나누는 동반자적 성격이 강했고 환자와 의사의 관계는 요즈음보다 훨씬 대등하고 친밀했다. 또한 오늘날과 같은 첨단 진단 기술과 기기들이 등장하기 전에는 환자의 말 한마디가 의사가 진단을 내리는 데 중요한 구실을 했다. 이 점에서 환자 역시 의사의 조력자이자 동반자였다.

영국 화가 필데스Samuel Luke Fildes가 그린 〈의사The Doctor〉는 이러한 과거 의사의 특성을 잘 보여 주고 있다. 어린 환자를 진료하기 위해 아이의 집에 왕진을 온 의사는 밤새도록 아이의 곁을 지키며 아이의 부모와 고뇌를 함께하고 있다. 항생제는 물론이고 아스피린도 나오기 전 시대의 모습이다. 아마도 몇 해 전에 아이가 태어났을 때도 이 의사가 받았을 것이다. 아이의 부모에게 의사는 어쩌다 한 번 치료받기 위해 병원으로 찾아가서 잠시 만나게 되는 근엄하고 외경스러운 '선생님'이라기보다는 늘 이웃에서 일상적으로 친숙하게 만나는 따뜻한 '아저씨'였을 것이다. 의사는 건강뿐 아니라 인생사 모든 일의 상담자이고 조언자였다. 의학적인 측면에서도 의사와 환자의 눈높이는 별로 차이가 나지 않았다. 하지만 이제 그러한 시대는 지나갔다.

3

서양 사회에서 의학은 르네상스 시기부터 크게 변화하기 시작했다. 우선은 인체해부학이, 이어서 해부학에 바탕을 둔 생리학이, 그리고 마침내 해부병리학이 탄생했다. 인간 전체, 인체 전부를 의학의 대상으로 여기던 히포크라테스 의학은 쇠멸하고 인체를 해체하고 분절하여 분석하는 근대 의학이 탄생했다. 의사들의 목표는 인간 또는 인체 전부의 균형과 조화를 유지하거나 회복시키는 것에서 장기, 조직, 세포라는 국소 부위의 병변(비정상)을 발견하여 도려내거나 그 병변을 일으키는 원인을 퇴치하는 것으로 변화했다. 이에 따라 의사는 점점 환자의 따뜻한 동반자에서, 환자에게 발생한 질병을 탐색하여 제거하는 냉철한 과학자로 변해 갔다. 의사들의 시야에서 인간은 사라지고 질병만이 남게 되었다. 또한 환자의 눈과 마음에 의사들의 냉철함은 냉정하거나 냉혹한 것으로 비쳤다. 의사와 환자의 눈높이는 점점 더 차이가 나게 되었을 뿐 아니라 보는 방향도 달라졌다.

　의학의 급속한 발전으로 의사는 예전에는 상상도 할 수 없을 정도로 환자에 대해 절대적인 우위를 누리게 되었다. 환자는 의사의 조력자이자 동반자에서 단지 치료 대상으로 변화했다. 한편 의학의 비약적인 발전의 결과로 대규모 의료 산업이 탄생했다. 그리고 의사가 병원 자본, 제약 자본, 의료기기 자본 등에 점점 더 종속되는 새로운 상황이 벌어졌다. 20세기 초반만 하더라도 의사들은 연구와 진료에서 비교적 독자성과 자율성을 누릴 수 있었다. 하지만 중반을 지나면서 그러한 권한은 급속히 약화되었다.

오늘날 의학을 지배하는 것은 의사가 아니라 의료 자본이다. 의료 자본이 의학 발전의 방향도 좌우한다. 그 발전의 과실을 독점하는 것도 역시 의료 자본이다. (환자들이 의학 발전의 혜택을 보지 않는다는 뜻은 아니다) 환자 치료에 유용한 약품이나 의료 기술이 개발되었다 하더라도, 그 약품과 기술이 환자에게 어떻게 쓰일지를 결정하는 것은 환자나 의사가 아니라 의료 자본이다. 백혈병 치료제 글리벡을 떠올리면 어렵지 않게 이해할 수 있을 것이다(글리벡은 여러 번의 약가 협상을 거치고 나서야 환자들의 손에 쥐어졌다).

4

사회경제적으로 어려운 처지에 있는 환자들을 위해 '따뜻한' 의학 기술을 개발하는 일은 물론 필요하고 중요하다. 하지만 지금의 독점적 의료 구조에서 그러한 개발 노력이 얼마나 가능할 것이며, 또 이루어진 성과가 얼마만큼 환자를 위해 쓰일 수 있을까? 이것은 요컨대 시장, 아니 (의료) 자본에 넘어간 권력을 어떻게 되찾거나 통제할 수 있을까의 문제일 것이다. 이를 위해 눈높이가 다를 뿐 아니라 시선의 방향조차 달라진 환자와 의사들의 연대가 이루어질 수는 없을까? 과연 어떻게 해야 이것이 가능해질 것인가? 그저 "다른 세상은 가능하다."라는 구호만으로 해결될 문제는 아니리라.

예병일(연세대학교 원주의과대학 교수)

연세대학교 의과대학을 졸업하고 같은 대학원에서 분자생물학적 연구 방법을 이용하여 C형 간염 바이러스에 의한 간염의 질병 발생 기전을 연구하여 박사 학위를 받았다. 현재는 연세대학교 원주의과대학에서 의예과장으로 재직하며 유전자분석 및 발현 조절과 이온 통로의 전기생리학적 현상을 연구하고 있다. 의학의 최첨단 분야에 종사하며 생업을 잇고 있으면서도 의학의 사회·문화·역사·철학적인 측면을 이해하는 일에 주력하여 일반인이 의학과 과학을 쉽게 접할 수 있도록 많은 노력을 하고 있다. 인문학적인 측면에서 본 의학과 과학 강연을 하는 일에서 인생의 보람을 느끼고 있으며, 어떻게 하면 의학을 공부하는 학생들이 미래에 더 경쟁력 있는 의사가 될 것인지 계속 고민하고 있다. B형 간염 바이러스에 대한 연구로 1995년에 제5회 과학기술 우수논문상을 수상했고, 단독 저서로 《의학사의 숨은 이야기》 《현대 의학, 그 위대한 도전의 역사》 《전쟁의 판도를 바꾼 전염병》 등이 있으며, 공저로 《몸살림 운동처방전》 《오늘의 과학》, 역서로 《의학의 과학적 한계》 《멘델레에프의 꿈》 등이 있다.

*11*장
따뜻한 기술과 명약의 조건

질병에는 여러 종류가 있지만 그 질병이 무엇이든 신체 상태가 정상이 아닐 경우에는 "무엇보다 건강이 제일이다."라는 말을 실감하게 되는 경우가 대부분이다. 단순한 감기처럼 그냥 시간이 흐르면 낫는 경우도 있고, 근육의 통증이 유발되는 경우처럼 꼼짝 못하고 근육을 주무르거나 약을 투여하면서 낫기를 기다려야 하는 경우도 있고, 상태가 그리 나쁘지는 않지만 치료되기보다는 점점 나빠질 것으로 생각하며 삶의 의욕을 잃는 경우도 있다.

영양 보충, 휴식, 운동, 수술 등 병을 치료할 수 있는 다양한 방법이 있지만 환자 입장에서 가장 편한 것은 약 한 알을 먹고 나서 말끔하게 병이 나아 자리에서 일어나는 것이다. 그런데 약은 어떻게 만들어질까?

약의 종류가 워낙 많고, 그 작용 기전이 다양하므로 한마디로 이야기할 수는 없다. 약 중에는 우연히 발견된 것도 있고, 수많은 사람들이 각고의 노력과 많은 비용을 들인 끝에 얻어진 것도 있으며, 처음 개발한 목적과는 상관없이 다른 목적으로 이용되는 것도 있다.

이 글에서는 참으로 따뜻한 마음을 지닌 사람들의 공헌에 의해 환자들의 고통을 덜어 줄 수 있게 된 예를 몇 가지 들어 보고자 한다.

총상 환자에 대한 애틋한 마음이 낳은 테레빈유

몸에 칼을 대어 일부를 도려내는 수술은 이미 수천 년 전부터 행해진 치료법이다. 그러나 수술이 일반화되기까지는 두 가지 문제를 해결해야 했으니 칼을 댈 때 발생하는 통증과 상처 부위를 통해 들어오는 나쁜 미생물이 바로 그것이었다.

그래서 오래전부터 통증을 줄이기 위해 술을 마시거나 기분을 좋아지게 하는 약초를 이용했고, 경험적으로 상처 부위에 뜨거운 기름을 붓거나 불로 지지는 방법을 사용하기도 했다. 단지 그 효과가 미약한 것이 수술의 발전을 어렵게 하기는 했지만 말이다.

세월이 흐르면서 새로운 무기가 개발되기 시작하자 전쟁 양상은 점점 치열해졌고, 그로 인해 상처를 입은 환자들도 많이 발생하기 시작했지만, 수술법은 크게 발전하지 못한 채 16세기에 접어들었다. 수술을 하려면 평소 칼을 잘 쓰는 사람이 더 능숙할 것이라는 생각에 이발사 출신의 외과 의사들이 많이 배출되었고, 이들은 해

나무에서 얻는 식물성 기름 테레빈유

부학 연구에서도 일익을 담당하고 있었다. 이것이 동맥을 상징하는 빨간색, 정맥을 상징하는 파란색, 붕대를 상징하는 흰색이 합쳐진 삼색등이 이발소를 상징하게 된 유래이기도 하다.

외과 의사로서의 존재 가치를 부각시킨 첫 번째 인물인 파레Paré Ambroise는 1510년에 프랑스에서 태어났다. 의학을 공부한 후 26세에 군의관으로 참전한 그는 프랑스가 이탈리아와의 전쟁을 벌이고 있을 때 총상을 입은 환자들의 고통을 눈앞에서 경험하게 되었다. 당시 상처 치료법으로서 유행한 방법은 끓는 기름에 몇 가지 약과 벌꿀을 혼합해 만든 약을 바르는 것이었다. 그런데 전쟁이 치열해 환자가 많이 발생하다 보니 치료에 사용할 각종 재료가 절대적으로 부족했다.

'환자들의 고통을 그냥 두고 볼 수는 없고, 그렇다고 상처에 바를 약도 충분하지 못하니 어떻게 하면 좋을까?'

조금이라도 환자들의 고통을 덜어 줄 방법을 찾던 파레는 평소에 사용하던 기름 대신 급히 구한 테레빈유에 달걀흰자와 장미 기름 등을 혼합한 후 고체 상태로 굳혀서 상처 부위에 발라 주었다. 하룻밤을 보낸 후 환자들이 누워 있는 막사를 찾았을 때 예상치 못하게 환자들의 상태가 호전되고 있음을 발견했다. 상처 주변이 낫기 시작하면서 통증이 약해지고, 열도 내린 환자가 많았던 것이다. 이때부터 파레는 그동안 다른 사람들이 사용한 방법보다 더 나은 방법을 찾기 위해 끊임없는 노력을 기울였다. 실제로 테레빈유는 화학적 소각 기능을 가지고 있으며, 달걀흰자는 미생물이 자라는 것을 막을 수 있는 리소자임이라는 물질을 가지고 있으므로 그의 선택이 탁월했다고 할 수 있다.

파레는 자신의 연구 결과를 토대로 총상을 치료하는 방법에 대한 책을 써서 후대에 남겼고, 상처를 불로 지지지 않고 혈관을 묶는 방법, 부목을 사용해 상처가 더 커지지 않게 막는 방법, 수술과 치료에 필요한 각종 기구 개발 등에 큰 업적을 남겼다.

그가 남긴 여러 가지 치료법은 외과학 발전에 크게 공헌했을 뿐 아니라 그때까지 내과 의사들에 비하여 낮은 평가를 받고 있던 외과의 위상을 높이는 데 크게 이바지하였으므로 오늘날에는 '외과학의 아버지'라는 별명으로 그를 기리고 있다. 비록 그가 라틴어가 아닌 프랑스어로 책을 쓰는 바람에 그의 지식이 널리 알려지기까지 꽤 긴 세월이 필요했다는 것이 흠이긴 하지만, 우리는 총상을 입은 환자를 대하는 그의 따뜻한 마음이 환자 치료에 도움이 될 수 있는 여러 가지 방법을 낳게 했다는 점을 잊지 않고 기억해야 할 것이다.

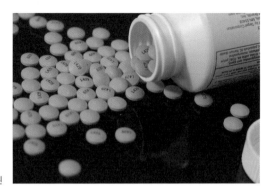

아스피린

아버지의 고통을 덜기 위해 개발한 20세기 최고의 명약

값싸고, 사용하기 편리하고, 부작용이 적고, 여러 용도로 사용할
수 있는 약이 좋은 약이라 한다면 아스피린은 20세기에 100년간
널리 이용된 대표적인 좋은 약이라 할 수 있다. 그런데 개발자인
호프만Felix Hoffmann이 류머티스 관절염으로 인한 통증에 시달리
던 아버지를 위해 더 좋은 약을 찾던 중에 아스피린을 개발했다는
사실은 널리 알려지지 않았다.

아스피린의 재료는 버드나무 껍질이다. 버드나무 껍질이 약효를
지닌다는 사실은 이집트 파피루스에 기록되어 있으며, 동양의학에
서도 기원전 2400년 이전부터 버드나무 껍질이 여러 용도로 사용
되어 왔다.

버드나무 껍질은 18세기 이후 여러 사람들이 통증을 줄이거
나 열을 내리기 위해 사용했으며, 19세기에 들어서 버드나무 껍질
에서 약효를 지닌 물질을 찾기 위한 연구가 본격적으로 진행되었

다. 처음으로 개가를 올린 사람은 독일의 부흐너Eduard Buchner로 1828년에 버드나무 껍질을 갈아서 약효를 지닌 침전물을 얻은 다음 살리실이라 이름 붙였다. 그 후 여러 학자들이 더 순수한 물질과 화학반응을 통한 더 효과 좋은 물질을 얻기 위해 노력하면서 살리실보다 살리실산이 많이 이용되었다.

1870년에 넥키는 살리실이 인체 내에서 살리실산으로 전환될 수 있으며, 살리실산이 류머티스 환자의 해열을 위해 사용할 수 있음을 보여 주었다. 헤이덴은 1874년에 살리실산의 대량생산을 가능하게 했고, 이듬해에 부스는 살리실산이 살균 효과를 지니지는 않으나 해열과 진통에 좋은 효과를 지니고 있음을 발견했다. 같은 해에 맥라간은 류머티스로 인해 열이 나는 경우 살리실이 이를 해소할 수 있는 효과를 지닌다고 발표했다.

아스피린 발견자인 호프만은 독일 바이어사의 연구원이었다. 1894년에 바이어사 약리연구소에 입사한 그는 뮌헨 대학에서 약학을 공부했고, 그 후 화학 박사 학위를 받았다. 그의 아버지는 류머티스로 고생하고 있었는데, 당시로서는 유일한 치료제인 살리실산을 다량으로 투여하고 있었다. 살리실산은 류머티스에 효과는 있으나 맛이 나빠서 사용하기에 불편했고, 부작용으로 소화불량이 발생하는 경우가 많아서 아버지는 제약 회사에 다니던 아들에게 더 좋은 약을 구해 달라고 요구했다.

호프만의 임무는 다른 것이었지만 아버지를 향한 마음이 각별했던 그는 자투리 시간을 내어 살리실산에 대해 연구를 진행했다. 살리실산의 부작용은 나트륨염에 의한 것이었음을 알게 된 호프만은 나트륨염을 다른 것으로 치환하려는 연구를 시도한 끝에 1897년 8월 10일, 아세틸기로 치환된 아세틸 살리실산을 개발했다. 이 물질은 임상 시험을 거쳐 1899년에 아스피린이라는 상품명으로 판매되기 시작했다. 이 이름은 아세틸acetyl의 'a'자와 버드나무속 spiraea의 'spir'로부터 유래한 것이며, 사람의 몸에 들어온 후 살리실산으로 변하여 약리작용을 나타낸다. 살리실, 살리실산, 아스피린은 모두 인체 내에서 살리실산 상태로 약효를 나타내지만 부작용이 가장 적다는 것이 아스피린의 장점이라 할 수 있다.

아스피린이 여러 가지 약효를 나타내는 기전은 1982년 노벨 생리의학상 수상자인 베르그스트룀, 사무엘슨, 베인 등에 의해 1971년에야 밝혀졌지만 20세기 내내 이루 헤아릴 수 없는 많은 사람들에게 진통, 해열, 소염 등의 목적으로 이용되었으며, 최근에는 아스피린이 혈액순환을 좋게 한다는 사실이 알려져 뇌졸중 방지를 위해서도 사용되곤 한다. 그동안 아스피린보다 더 나은 약을 찾기 위한 노력도 경주되어 비스테로이드성 진통, 해열, 소염제가 개발되었으니 선의의 경쟁이 인류에게 좋은 결과를 가져다주었다고 할 수 있다.

아버지의 고통을 덜어 주기 위해 근무 외 시간을 활용해 더 나은 약을 찾으려 한 호프만의 따뜻한 마음씨와 노력이 20세기 최고의 명약을 탄생시킨 것이다.

자신의 몸을 던져 위궤양 해결책을 찾은 마셜

"지금까지 알려진 소화성 궤양에 대한 지식은 잘못된 것이 많다.

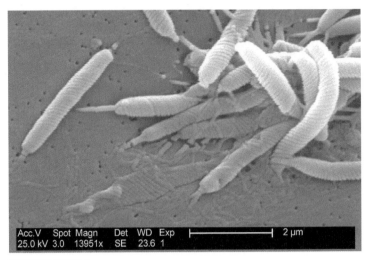

헬리코박터 파일로리균

위궤양은 예외 없이 특정 세균의 감염에 의해 발생한다. 우리는 이미 이 세균을 박멸할 수 있는 약제를 개발해 놓았으며, 지금부터 ○개월 내에 신청하는 분들에게는 무료로 약을 사용할 수 있는 권리를 제공하겠다. 그렇게 해서 위궤양이 낫지 않으면 변상하겠다."

이 내용은 20여 년 전 필자가 본 광고의 내용을 수년이 지난 후에 기억나는 대로 공책에 써 놓은 것이며, 언제 어디서 이와 같은 광고를 봤는지는 확실치 않다. 의과대학을 졸업한 지 얼마 지나지 않은 시절이라 의학도라면 누구나 열심히 공부해야 할 위궤양에 대한 내용을 잊어버리지 않은 상태였는데 엉뚱하게도 위궤양의 원인이 세균에 의한 것이라니 관심을 갖지 않을 수 없었다.

굶은 상태의 위 속에 세균과 효모가 존재한다는 사실은 이미 19

세기 말에 알려져 있었다. 특히 위산 분비에 이상이 있는 사람에게서는 이 미생물이 발견되지 않았으므로 위산 분비가 많아져 발생하는 위궤양이 이 세균과 관련 있을 거라 생각할 수 있었다. 1875년 프랑스의 레툴레와 독일의 보트케를 필두로 강산성이라 세균의 생존이 거의 불가능한 위 속에 나선형 세균이 존재한다는 사실을 발견한 학자들이 한 세기에 걸쳐 나타났지만 이것이 위궤양과 어떤 관계를 지니는지는 알 수 없었다. 20세기 초에 이탈리아의 비초제로는 개를 이용한 실험에서 위 점막에서 발견한 나선 모양의 세균이 위궤양의 원인이라는 주장을 한 까닭에 한편에서는 그가 헬리코박터균Helicobacter pylori의 최초 발견자라는 평가를 받기도 한다. 그 외에도 몇몇 학자들이 위 속에 존재하는 나선 모양의 세균과 궤양의 관련성을 주장하기는 했지만 세균이 궤양의 원인이라는 사실이 확실치 않은 상태여서 스트레스와 음식에 의한 위산 분비가 궤양의 원인이라는 가설이 점차 인정을 받게 되었다. 이를 응용하여 드래그스테트는 위산 분비 신호를 전달하는 미주신경을 절단함으로써 궤양을 치료하고자 했다.

호주의 워렌은 궤양이 세균에 의해 발생할 것이라는 가설에 확신을 가지고 있었다. 그는 1979년에 위염이 심한 환자의 위 점막에서 새로운 세균을 발견했다. 그는 이 세균이 위에서 발생하는 궤양과 관련이 있을 거라는 확신을 가졌지만 더 이상의 연구나 논쟁은 하지 않고 있었다. 1979년에 워렌과 같은 병원에서 소화기내과 분과전문의 과정을 밟게 된 마셜은 워렌의 가설에 흥미를 가졌다. 마셜은 이 가설을 검증하기 위해 내시경 검사를 통해 얻은 시료로부터 세균을 배양하기 시작했다. 반복되는 실험을 통해 이렇게 배양된 세균이 새로운 종임을 확인한 후 헬리코박터균이라 이름 붙였다. 그들은 이 세균이 위염과 위궤양의 원인이라는 논문을 발표했지만 강산성인 위액의 존재 아래서는 어떤 세균도 생존이 불가능할 것이라는 비판을 받아야만 했다.

마셜은 실험동물을 이용하여 헬리코박터균과 위궤양의 상관성을 밝히기 위한 연구를 진행했지만 원하는 결과를 얻을 수 없었다. 사람과 동물의 생리작용이 다를 것이라 생각한 그는 자신의 몸을 직접 실험 재료로 이용했다. 자신이 배양한 균이 포함된 용액을 직접 마신 결과 오심과 구토 증상이 나타나고 위가 더부룩해짐을 느꼈으며, 염산 분비가 감소하고, 위염이 발생함을 확인할 수 있었다. 이를 통해 마셜이 발견한 세균이 위궤양의 원인이라는 것을 증명할 수 있었다.

이 실험 이전에 이미 마셜은 헬리코박터균을 죽일 수 있는 항균제를 찾기 위해 노력하여 치료제를 찾아냈으므로 지금은 헬리코박터균에 의한 위궤양 치료가 가능해졌고, 마셜과 웨렌은 2005년 노벨 생리의학상 수상자로 선정되었다.

의학 역사에서 자신의 몸을 이용해 실험을 한 예는 꽤 있었으나 연구 윤리의 측면에서 보면 확인하지 못한 연구 결과를 검증하기 위해 사람의 몸을 이용한다는 점에서 비판받아 마땅한 일이다. 그러나 자신의 몸을 이용한 이 같은 연구가 있었기에 연구 결과를 빨리 얻을 수 있었고, 그 결과 전 세계 많은 환자들에게 도움을 줄 수 있었다는 점은 인정해야 할 것이다.

희귀병 치료제 개발을 위해

마셜의 예에서 간단히 소개했듯이 실험동물을 이용한 연구 결과가 확실치 않은 상태에서 사람의 몸을 이용한 연구는 윤리적으로 큰 문제를 지닌다. 만에 하나라도 사람에게 해가 될 수도 있는 연구를 완벽한 안전장치 없이 시행한다는 것은 제2차 세계대전 당시 만주 소재 일본 731부대의 마루타 실험과 다를 바가 없기 때문이다.

실험실에서 배양한 사람의 세포를 이용한 실험에서 특정 물질의 약효를 발견한 경우 실험동물을 이용하여 다시 한 번 생체 내에서 그 물질이 확실히 효과를 지니고 있으며, 부작용이 없는지 확인해야 한다. 동물실험에서 그 효과가 증명되면 환자를 대상으로 임상 시험을 하게 되는데 임상 시험도 여러 단계로 나누어지고, 인종·성별·나이 등 여러 요소를 고려하여 시험 대상자를 선정해야 하므로 한 가지 새로운 약이 상업적으로 판매되기 위해서는 수많은 과정을 거쳐야 한다. 그렇다 보니 새로운 약을 만들어 낸다는 것은 엄청난 비용과 시간을 필요로 하게 되기 때문에 굴지의 제약 회사가 아니면 꿈꾸기조차 어려운 일이 되었으며, 큰 제약 회사들도 환자가 많지 않은 질병을 대상으로 하는 약을 만드는 일에는 관심을 덜 갖게 되었다.

'약을 만드는 회사들이 환자 수가 적은 질병 치료제에는 관심이 없으니 희귀병에 걸린 환자들은 그냥 죽으라는 말인가?'

누가 생각해도 불합리할 수밖에 없는 이 질문에 답하기 위해 선진국에서는 여러 장치를 마련해 놓고 있다. 미국의 경우 희귀병을 치료할 수 있는 약을 개발하는 과정을 독려하기 위한 희귀의약품법ODA, Orphan Drug Act이 시행되고 있으며, 유럽에서도 이와 유사한 법이 공표되었다. 이 법에 따라 미국에서는 20만 명 이하의 사람들만 사용 가능한 약에 대해서는 7년간 독과점으로 판매할 수 있는 권한을 갖게 되며, 임상 시험 시 세제 혜택을 받기도 한다.

희귀의약품법이 발효되기 전에는 미국의 경우 38가지 희귀병 치료제만 개발되었지만 1983년부터 2004년 사이에 1,129개의 희귀병 치료제가 개발되었다. 시판되고 있는 것만 비교하면 1983년 이전에 10개 미만이었던 것이 이후 249개에 이르니 법적으로 희귀병 약 개발을 보장한 효과가 톡톡히 드러나고 있다. 세제 혜택을 받는다는 것은 곧 국민들이 낸 세금을 소수의 희귀병 환자를 위해 사용함을 뜻하므로 사람들의 집단적 따뜻함이 어려움에 처한 소수자를 위해 발휘되고 있다는 식으로 해석할 수 있을 것이다.

1992년에 개봉한 영화 〈로렌조 오일Lorenzo's Oil〉에서는 불치의 병에 걸린 아들을 살리기 위한 부모의 눈물겨운 노력이 잘 그려져 있다. 실화를 바탕으로 한 이 영화에서는 아들을 향한 부모의 따뜻한 사랑이 잘 표현되어 있으며, 이 부모의 노력은 결과적으로 영화 속의 아들과 같은 희귀병 환자들에게 큰 힘이 되었다. 역사적으로 파레와 같이 총상 환자들의 고통을 덜어 주려는 행동이나 아버지의 고통을 덜어 주려는 호프만의 따뜻한 마음씨가 많은 환자들을 고통에서 해방시켜 주는 결과를 가져왔고, 마셜처럼 자신의 몸을 던진 실험을 통해 위궤양의 해결책을 찾아낸 사람도 있다. 자본주의가 발달한 현대사회에서 회사의 이익만을 놓고 보면 희귀병 치료제는 개발할 필요가 없는 상품이다. 이를 개발 가능하게 하는 것은 사람들이 언젠가 내 주변 사람도 피해자가 될 수 있음을 인지하고 이들을 도와주려는 따뜻한 마음을 가지고 있기 때문일 것이다.

이러한 따뜻한 마음이 인간 사회를 더욱 풍요롭게 하고, 그로 인해 인류를 질병에서 구할 수 있는 약도 계속해서 발전하고 있는 것이다.

김은애(연세대학교 의류환경학과 교수)

서울대학교 의류학과를 졸업하고 동대학원에서 석사 학위를 취득했다. 미국 메릴랜드 대학교에서 섬유과학 박사 학위를 받은 후, 미국 노스캐롤라이나 대학 객원연구원, 일본 문화여자 대학 객원 연구원으로 활동했으며 주요 연구 분야는 기능성 의류, 체온조절용 스마트 의류, 보호복이다. 현재 연세대학교 의류환경학과 교수, 한국의류학회 회장, 유럽 보호복학회 이사를 지내고 있다. 저서로 는 《패션소재기획과 정보》《의류소재의 이해와 평가》《학문의 길》(공저)《여성, 과학을 만나다》(공저) 등이 있다.

*12*장
의복과 따뜻한 기술

나일론을 만든 윌리스 흄 캐러더스Wallace Hume Carothers는 화학, 그중에서도 유기화학을 전공한 사람이다. 그도 처음에는 회계학을 공부하고, 영문학을 전공하려고 대학에 들어갔다가 화학과 학과장에게 발탁되어 화학을 전공하게 되었다. 박사 학위를 취득한 후 일리노이 대학에서 강의를 하던 캐러더스는 대학에서 받는 것보다 두 배의 연봉을 주겠다는 제의와 함께 기초연구를 해 달라는 듀퐁사의 간청에 못 이겨 듀퐁사에서 일하게 되었다. 캐러더스는 우리에게 나일론을 만든 사람으로 알려져 있지만 그보다 먼저 섬유를 만드는 기본 물질인 고분자를 합성한, 특히 선행 연구자보다 분자량을 증가시켜 섬유를 만드는 데 성공한 것을 가장 획기적인 공헌으로 꼽을 수 있다. 그가 처음 만든 것은 오늘날 네오프렌으로 알려져 있는 합성고무였고, 다음으로 폴리에스터, 그리고 나서 나일론을 합성했다. 요즘 우리가 입는 옷은 나일론보다 폴리에스터가 더 많은데 당시에 만들어진 폴리에스터는 섬유로 쉽게 만들 수 없어 한발 늦게 개발되었다고 할 수 있다. 어느 것이 먼저 만들어지고의 문제는 차치하더라도 만약 그가 이런 합성섬유를 개발하지 않았다면 우리 삶은 어땠을까?

사람은 항온동물이다. 어떤 기후 조건에 있더라도 체온을 일정하게 유지해야 하는데 지구환경에서 맨몸으로 체온을 유지할 수 있는 곳은 극히 제한되어 있기에 대부분은 옷으로 몸을 감싸 체온을 유지한다. 그런데 과연 지구의 70억 인구를 감쌀 옷감을 면, 양모, 견, 마, 가죽, 모피와 같은 천연 소재로부터 충분히 얻을 수 있을까? 그런 의미에서 폴리에스터와 나일론은 인류를 구한 위대한 발명품이라고 할 수 있다. 이제 다수의 인간이 이들 소재로 만든 의복을 통해 풍요로운 삶을 살고 있다. 문명이 발달하지 않은 곳에서도, 생필품이 부족한 오지에서도 사람들은 현지에서 생산되는 소재로 된 옷뿐만 아니라 합성섬유로 된 옷들을 걸치고 있다.

최근에는 정보기술, 생명공학기술, 나노기술, 환경기술, 우주항공기술, 문화기술과 같이 6T를 접목한 융합기술에 의해 하이테크 소재가 개발되고 있으며, 이들 소재는 인간의 생활 영역을 넓히고 보다 풍요로운 삶을 누리도록 하기 위해 도전하고 있다. 하지만 과학기술이 발달하면서 빈부의 차이는 점점 더 커지고, 사회경제적으로 소외된 계층이 생겨나게 마련이다. 더 나은 의복을 통한, 그리고 누구나 입고 살 수 있는 의복을 이용한 따뜻한 기술을 제공함으로써 나눔을 실천하는 것이 우리의 미래를 밝힐 수 있음은 의심의 여지가 없다.

하이테크를 이끌어 낸 선발자로 산업혁명을 들 수 있다. 산업혁명이 영국의 면방직 산업에서 시작된 것은 누구나 잘 알고 있다. 아이러니하게도 우리가 생각하는 따뜻한 기술 역시 직접 물레를 돌려 실을 자아 옷을 짓는 운동으로부터 시작됐다. 인도에서 간디가 영국에 대항하기 위해 시작한 경제 자립 운동으로부터 비롯된 것이다. 간디의 의복 자급자족 운동과 불교 철학은 1960년대 경제학자 슈마허에게 영감을 주어 중간기술을 태동시켰고, 1970년대에 와서 제3세계에 대한 사회경제적 발전을 달성하기 위해 대안 기술 또는 적정기술로 자리매김하면서 우리에게는 따뜻한 기술, 곧 인류를 구하는 기술로 인식되고 있다. 이에 따라 그동안 의복 분야에 적용된 마음이 따뜻해지는 적정기술, 즉 따뜻한 기술 몇 가지를 소개하고자 한다.

접은 사리를 이용한 필터

방글라데시의 여자들은 연못에서 물을 길 때 오래된 사리를 4겹 혹은 8겹으로 접어 식수로 사용할 물 항아리 위에 놓고 물을 붓는다. 이는 대부분의 병원균이 작은 입자, 흙 또는 플랑크톤에 붙어 있기 때문에 이러한 것들을 걸러 내기 위해서이다. 면으로 짠 오래된 사리는 여러 겹으로 접으면 기공의 크기가 약 20마이크로미터 정도가 된다. 기공이란 섬유와 섬유 사이, 실과 실 사이에 존재하는 공기가 통하는 구멍이다. 이 20마이크로미터라는 기공의 사이즈는 상당히 작아서 모든 동물성 플랑크톤과 대부분의 식물성 플랑크톤이 걸러지게 되어 콜레라균을 99퍼센트 제거할 수 있다. 미국 메릴랜드 대학 바이오테크놀로지 연구소의 리타 콜웰Rita Colwell과 안와르 후크Anwar Huq는 방글라데시 여자들이 그저 평평한 한 겹으로 된 낡은 사리로 물을 거르는 것을 여러 겹으로 겹치는 방법으로 바꾸게 함으로써 살균제나 물 끓이는 연료가 부족한 방글라데시 매틀랩 마을의 콜레라 감염을 막을 수 있었다.

아프리카 사하라 지역의 기니벌레, 즉 메디나선충은 사람이나 말의 발에 기생해 종양을 일으키는 풍토병의 발병체이다. 약 150마이크로미터 기공의 나일론 메시로 물을 거르면 이 벌레가 기생하는 물벼룩을 걸러 낼 수 있어 풍토병균에 의한 감염을 줄일 수 있다.

차도르를 이용한 모기장 : 말라리아 퇴치

방충제 처리한 모기장은 말라리아를 퇴치하는 데 큰 효과가 있다. 그러나 전쟁 중인 나라나 난민들은 이것을 구하기도 어렵고 값도 비싸다. 특히 텐트나 비닐로 된 대피소로 만들어진 난민 수용소에서는 모기장을 치고 자는 것도 쉬운 일이 아니다. 파키스탄 서북쪽에 위치한 아프가니스탄 난민 수용소에는 4,000여 명의 난민이 있다. 아프간 여인들은 얼굴을 가리기 위해 머리부터 상체를 덮는 차도르 혹은 차드리라고 불리는 망토 같은 것을 쓰고 다닌다. 파키스탄, 영국 그리고 베트남의 공동 연구진들은 이들 난민 수용소 여인들의 차도르에 퍼메트린이라는 살충제를 $1g/m^2$ 뿌려 낮에는 머리에 쓰고 밤

에는 홑이불로 덮게 했다. 그 결과 0~10
세 어린이의 경우 현저하게, 그리고 20
세 이하의 청소년 역시 말라리아가 크
게 감소한 것을 확인할 수 있었다. 이는
살충제 처리한 모기장을 치고 자는 경
우와 같은 수준으로 말라리아가 감소
한 것이다. 1인당 0.17US 달러라는 최소
한의 비용으로 이와 같은 효과를 내는
것은 전쟁터나 난민 수용소의 어린이들
이 최악의 위생 상태에서 벗어나게 하
는 따뜻한 기술임이 명백하다. 얼마 전
텔레비전에서 열대지방 어린이들이 신
발이 없어 발가락 사이에 병원균으로

차도르

인한 상처가 나 있는 것을 본 적이 있다. 이들에게 선인장에서 뽑을
수 있는 실, 바나나 줄기로 엮은 실이 아닌, 선진 각국에서 버려지는
양말이나 옷감을 이용해 신발 대용품을 만들고 여기에 약품 처리를
해 주고 싶은 생각이 간절하다.

전기 대신 인력으로 돌아가는 자전거 세탁기 : 바이슬아바도라

미국 MIT의 디랩은 적정기술을 정규 과정으로 하고 있다. 그 과정
에서 공대 학생들이 개발도상국 어린이를 위해 페달로 돌리는 세
탁기를 개발했다. 학생들은 4년간의 연구 개발 끝에 자전거 차체와

드럼통으로 구성된 세탁기를 고안했다. 이 세탁기의 원형은 사진과 같이 드럼이 자전거 바퀴 안에 들어가 있는 것으로, 즉 페달로 돌리는 세탁기이다. 지난 2005년 이 학교 여학생 라두 라두타가 MIT 아이디어 경연 대회에 이것을 제출해 1등을 차지했다.

이 드럼통 세탁기에는 '바이슬아바도라(스페인어로 자전거와 세탁기의 합성어)'라는 이름이 붙여져 이제는 너무나 잘 알려져 있다. 이 세탁기는 전기가 없는 오지마을 주민을 위한 것이기 때문에 학생들이 제작에 가장 신경을 써야 한 부분은 부품이었다. 기계에 필요한 부품은 개발도상국 어디에서나 쉽게 구할 수 있는 값싼 것이어야 했다. 현지인들이 기술이전을 받더라도 부품이 없으면 이 세탁기를 생산할 수 없기 때문이다. 또 고장이 날 경우 간편하게 수리할 수 있도록 쉽게 설계하는 것도 매우 중요한 고려 사항이었다. 이러한 기술이전을 통해 일자리를 창출한다는 것도 염두에 두었다. 실제로 개발된 드럼통 세탁기는 사진과 같이 자전거 페달을 밟아서 따로 떨어져 있는 세탁기를 돌리도록 제작되었다.

자전거가 동력의 근원으로 사용된 예는 무수히 많다. 한 해 동안 버려지는 낡은 세탁기는 너무도 많다. 전력이 연결되지 않거나 자동 시스템의 고장으로 인해 사용할 수 없기 때문이다. 언젠가 인터넷에 배포되어 있는 어느 자료를 본 적이 있다. 동영상 속에서 여성 한 명이 자전거 운동을 즐기고 있었다. 이 자전거에는 낡은 세탁기가 연결되어 있는데, 전기 대신 페달을 밟는 힘으로 세탁기가 힘차게 돌아간다. 이 여성은 발로는 '자전거 페달 동력 세탁기'라고 불리는 세탁기를 돌리기 위해 페달을 밟고 손으로는 뜨개질

자전거 세탁기 '바이슬아바도라'

을 한다. 운동을 하면서 빨래를 하고 그러면서 뜨개질을 하는 것이
다. 누가 어디서 시작했는지는 모르지만 드럼통 세탁기에 비해 물
빼는 장치 등이 있어 더 효율적으로 세탁을 할 수 있을 것 같다.

　이처럼 따뜻한 기술은 고액의 투자 없이 에너지 사용이 적으면
서 누구나 쉽게 배워서 쓸 수 있는 기술이다. 그러기 위해서는 현
지에서 나는 재료를 쓰고 소규모의 사람들도 생산이 가능해야 한

다. 물론 이는 빈곤층만을 위한 기술은 아니다. 노약자나 장애인과 같은 소외계층에게도 필요한 기술이다.

장애인들은 몸의 움직임이 부자연스럽고 마음대로 움직이기 어려운 경우가 많다. 우선 이들에게 필요한 것은 옷을 입고 벗기가 편해야 한다는 것이다. 단추를 잠그는 것이 불가능한 경우도 많다. 오래 같은 자세로 있는 사람에게 단추는 채워진 위치에 따라 불편을 줄 수 있다. 벨크로velcro(단추 대신 쓰는 접착테이프)가 그나마 어느 부분 도움이 될 수 있을 것이다. 한 가지 염두에 둘 것은 장애인들 역시 비장애인들과 같은 패션, 같은 디자인을 입기를 원한다는 점이다. 장애인들이 겪는 또 다른 문제는 옷이 자주 오염되는 것이다. 입에 숟가락을 가져가는 것도 힘들 수 있고 먹으면서 흘리는 경우도 많다. 옷을 입은 당사자는 물론 이들을 돌봐 주는 사람들에게도 여간 고충이 아닐 수 없다.

나일론이 인류 전체의 의생활을 풍요롭게 했듯이 이제 따뜻한 기술, 즉 그 지역과 문화 풍토에 맞는 기술이 소외된 계층이나 빈곤층의 의생활을 풍요롭게 해 주는 시대가 오기를 기대한다. 불행하게도 나일론을 개발한 캐러더스는 우울증에 시달려 끝내 자살을 선택했다. 연구자로서 성취감을 느끼지 못한 게 가장 큰 원인이었다고 한다. 그가 지금 우리가 누리고 있는 의생활을 상상할 수 있었다면 그런 길을 택하지는 않았을 것이다. 그가 살아 있었다면 우리가 지금보다 더 발전된 옷을 입고 있을지도 모를 일이다. 나일론과 같은 합성섬유의 개발은 인류의 의생활을 윤택하게 했다. 작은 아이디어로 세상을 밝게 할 수 있다는 것을 생각하면 누구나 어렵게 생활하는 사람들을 도와주는 일에 동참하고 싶을 것이다. 그런데 이런 작은 아이디어는 현장에서 직접 체험할 때 떠오른다. 꼭 오지에 가지 않더라도 주위에서 장애를 겪고 있는 사람들이나 노약자의 생활을 보면서 옷이든 옷을 이용한 것이든 따뜻한 아이디어를 제공해 따뜻한 기술에 기여할 때 우리가 바라는 따뜻한 사회가 만들어질 것이다.

참고문헌 ─────────────────────────

- http://navercast.naver.com/contents.nhn?contents_id=7805 인간의 얼굴을 한 기술, 적정기술.
- Mark Rowland, Naeem Durrani1, Sean Hewitt, Nasir Mohammed, Menno Bouma, Ilona Carneiro, Jan Rozendaal, Allan Schapira, Permethrin-treated chaddars and top-sheets: appropriate technology for protection against malaria in Afghanistan and other complex emergencies, Transactions of the Royal Society of Tropical Medicine and Hygene, 93, 465~472.
- http://www.wikipedia.org Cloth filter
- http://cafe.naver.com/socialfactory2010/65
- http://news.naver.com/main/read.nhn?mode=LSD&mid=sec&sid1=104&oid=105&aid=0000016254 인력세탁기.
- 〈적정기술의 동향과 시사점〉, 정기철, STEPI issues and policy, 2010.

조홍섭(〈한겨레〉 환경전문기자)

환경과 과학 분야에서 20년 넘게 기사를 써 온 우리나라 전문기자 1세대이다. 〈과학동아〉를 거쳐 〈한겨레〉에서 환경전문기자로 일하고 있다. 생태 보전, 주민의 공해 피해, 에너지 등 폭넓은 주제의 기사와 칼럼을 써 왔다. 〈한겨레〉의 환경전문웹진 물바람숲(ecotopia.hani.co.kr)을 운영하면서 자연사, 전통 생태, 생태학 등 인간과 자연의 관계를 성찰하는 글을 주로 쓰고 있다. 저서로는 《한반도 자연사 기행》《생명과 환경의 수수께끼》《프랑켄슈타인인가 멋진 신세계인가》《이곳만은 지키자》(공저)가 있으며, 《기후변화의 정치경제학》《현대의 과학기술과 인간해방》 등을 번역했다. 교육방송EBS에서 〈하나뿐인 지구〉 진행자로 일했고(2005), 네이버캐스트에 '한반도 자연사', '한국의 식물원'을 연재했으며 '이야기가 있는 한국의 숲'을 연재 중이다. 서울대학교 공과대학과 영국 랭가스터 대학교 대학원에서 화학공학 학사와 환경사회학 석사 학위를 받았다. 고려대, 이화여대, 국민대 등에서 겸임 교수 및 강사로 강의를 했다. 한국과학기술학회, 한국기후변화학회, 한국보전생물학회, 한국민물고기보존협회 이사를 맡고 있으며 환경과 공해연구회 운영위원으로 활동하고 있다. 2005년 교보생명환경문화상 환경언론 부문 대상을 받았다.

13장
따뜻한 기술과 환경

중앙아메리카에 위치한 과테말라 북부에는 '티칼'이라는 마야문명 최대의 유적지가 있다. 고대 열대 도시인 티칼은 기원전 600년부터 9세기 말 알려지지 않은 이유로 버려지기까지 약 1,500년 동안 번영했던 석기 문명이다. 최근 고고학자들은 화산 분화가 잦은데다 종종 가뭄이 덮치는 척박한 환경에서 최고 8만 명에 이르는 인구가 장기간 문명을 유지하게 만든 티칼의 물관리 기술에 주목하고 있다. 티칼은 석회석이 곳곳에 함몰된 카르스트 지형으로, 우리나라 강원도 석회암 지대와 마찬가지로 비가 오면 땅속으로 물이 쉽게 빠져 지표가 말라 버린다. 도시와 농업용수를 대기 위해 마야인들은 암반에 수로를 내고 댐을 막는가 하면 고도차를 이용해 여러 개의 저수지를 연속적으로 설치해 수량을 관리했다. 또 물을 정화하기 위해 모래 여과 시설을 갖췄고, 저수지 주변엔 나무를 심

큐드럼

어 토양침식과 오염 물질 유입을 막았다. 모두 현대적인 물관리 기법과 기본 원리에서 차이가 없다.

깨끗한 물을 필요한 곳까지 나르는 일은 인류에게 언제나 중요한 일이었다. 무엇보다 물은 무겁다. 수돗물 생산비 가운데 약품비보다 동력비가 6배 가까이 드는 데서도 알 수 있다. 물이 중력의 힘으로 흘러가면 좋겠지만 그렇지 않을 때는 석유를 태우거나 인간의 근력을 이용할 수밖에 없다. 물을 다루는 기술 면에서 마야 문명보다 나을 게 없는 지금의 아프리카에서 물을 지고 나르는 일은 여성과 아이에게 커다란 고통거리이다. 주로 머리 위에 물동이를 이고 몇 시간씩 수 킬로미터의 거리를 하루에도 몇 번씩 오가야 한다. 케냐에서 물 한 동이를 얻느라 하루에 8시간을 걷는 여성을 만나는 건 어렵지 않다. 그 일을 하느라 아이가 학교에 다니지 않을 가능성도 크다. 유엔의 한 통계를 보면, 사하라 이남에서 물을 떠 오기 위해 1년 동안 버리는 시간을 모두 합치면 프랑스 노동자 전체가 1년 동안 일하는 시간과 같은 400억 시간에 이른다. 우리나라에서도 수도 공급이 원활치 않던 1960~1970년대 대도시 고지대에서 물차가 오면 물을 받아 집까지 나르는 데 물지게를 주로 썼다. 지게 양쪽 끝에 고리를 달아 물동이 두 개를 들어 나르는 방법이었다. 물동이를 머리에 이는 것보다 훨씬 편하고 효율적인 적정기술이라 할 수 있지만, 힘들기는 마찬가지였다.

남아프리카공화국의 피에트 헨드릭스 형제는 1993년 아이와 여성이 목과 척추에 손상을 입기도 하는 물 나르기의 고역을 덜어줄 획기적인 기술을 개발했다. '큐드럼'이라 이름 지은 이 발명품은 아주 단순하다. 도넛 모양의 플라스틱 통에 물을 부은 뒤 마개를 막고 끌면 물통이 굴러서 이동하는 얼개이다. 물동이로는 기껏 15리터 정도 운반하는 게 고작이지만 이 물통엔 50리터가 들어가고 아이라도 몇 킬로미터쯤 거뜬히 굴려 갈 수 있을 정도로 힘이 덜든다. 저밀도 폴리에틸렌 재질의 물통은 견고하고 가벼우며, 손잡이도 금속으로 만든 부속물도 없어 망가질 우려가 없는 단순함도 미덕이다. 지름 50센티, 높이 36센티, 두께 4밀리로, 물을 다 채운 무게가 54.5킬로그램인 이 큐드럼을 굴리는 주민을 케냐, 나미비아, 에티오피아, 르완다, 탄자니아 등에서 볼 수 있다. 수동 세탁기로 쓰거나 곡물을 나르는 데, 또는 땅을 고르는 데도 쓸 수 있다. 하지만 개당 가격은 약 7만 원으로 가난한 아프리카 주민들에겐 여전히 비싸 주로 원조단체의 원조품으로 많이 쓰이는 한계가 있다. 이

점이 큐드럼이 '바퀴의 재발명'이란 찬사를 들을 정도로 단순하고도 뛰어난 설계를 지닌 기술이지만 진정한 의미에서 적정기술인지 의문을 제기하는 사람이 있는 이유이다. 석유를 플라스틱으로 만드는 큰 공장과 거기서 생산되는 '비싼' 제품을 살 수 있는 사람에게 의존하기 때문에 지역 차원에서 지속 가능하지 않기 때문이다.

어린 시절 수돗물이 들어오지 않는 동네마다 수동 펌프(보통 '뽐뿌'라고 불렀다)가 있었다. 지하 우물에 관으로 연결된 펌프 머리에 마중물을 넣고 손잡이를 바쁘게 오르내리며 빨아들이는 힘을 높이다 보면 물이 콸콸 쏟아져 나온다. 적정기술 하면 흔히 외국의 기술을 먼저 떠올리지만 우리나라에서 물과 관련해 가장 널리 오랫동안 보급된 적정기술이 바로 이 수동 펌프였다. 결국 상수도와 전기가 보급되면서 '뽐뿌'는 우리 곁에서 사라졌다. 수동 펌프의 장점은 무엇보다 사람의 힘으로 물을 퍼내니 동력이 들지 않는다는 점이고, 장비가 간단해 고장이 거의 나지 않고 망가져도 부품을 쉽게 교체할 수 있다는 것이었다. 하지만 이 펌프를 이용해 물동이를 채우는 건 몰라도 논 전체에 물을 대기는 힘들다. 농사를 위해선 더 개선된 고안이 필요하다.

수동 펌프와 같은 원리이지만 양쪽 발을 번갈아 밟는 동작으로 장시간 물을 퍼내 관개용으로 쓸 수 있는 '밟는 펌프'가 발명됐다. 노르웨이 기술자 군나 반스가 1970년대 개발해 방글라데시에 관개용으로 보급한 이 펌프는 2개의 금속 실린더와 피스톤만 있으면 만드는 간단한 얼개이다. 금속 대신 대나무를 쓸 수도 있다. 단순하고 적은 비용으로 설치할 수 있으며 팔보다 힘이 강하고 지구력이 있는 다리 힘으로 작동하는 게 장점이다. 단점으로는 인력을 쓰는 펌프여서 7미터보다 깊은 곳의 물은 퍼내지 못한다는 점이다. 4미터 깊이의 물을 분당 100리터 꼴로 퍼낼 수 있다. 1980년대 적정 기술 단체인 국제개발기업IDE 주도로 12년 동안 이 펌프 150만 대를 싼값에 아시아 소농에 보급했다. 지금은 아프리카 등 전 세계에 200만 대가 퍼져 있을 만큼 인기가 높다. 가격은 방글라데시에서

밟는 펌프

20달러 등으로 비싸지 않고 부품도 지역사회에서 쉽게 만들 수 있다. 이 정도의 값으로 밟는 펌프를 구입한 농부는 수확량 증가 등 관개 효과를 100달러 이상 볼 수 있는 것으로 알려져 있다.

"물, 물, 사방이 물이지만 마실 물은 한 방울도 없다!" 바다 한가운데 난파한 선원이든 큰물 피해를 입은 이재민이든 아무리 물이 많아도 마실 만한 물이 없으면 아무 소용이 없음을 절감한다. 물은 수량 못지않게 수질이 중요하다. 전 세계에서 깨끗한 물을 공급받지 못하는 사람은 9억 명에 가깝다. 그 사람들 세 명 가운데 한 명이 아프리카 사하라 이남 지역에 산다. 위생적인 물을 공급받지 못해 설사병 등 단순한 수인성 질병으로 사망하는 어린이는 전 세계에서 매일 4,000여 명에 이른다. 상수도와 하수도는 깨끗한 물

가정용 생명의 빨대

을 공급받기 위한 기초적 시설이지만 이런 시설을 누리는 개발도상국 사람들은 많지 않다. 이를 위해 많은 개발원조가 양질의 식수 공급을 위해 이뤄졌지만 많은 경우 실패로 끝났다. 하드웨어만 덜렁 지어 주었을 뿐 고장이 났을 때 고치는 기술의 교육이나 부품 제공, 부품을 살 수 있는 소득 향상 등은 이뤄지지 않았기 때문이다.

따라서 장기적인 수질 정화 시설 이전에 응급 정화 장치를 보급하려는 움직임이 일어났다. 스위스 사회 기업인 베스터가드 프랑센은 2011년부터 케냐 서부에 간편한 수질 정화 장치를 보급하고 있다. '생명의 빨대'라는 이름이 붙은 이 장치는 두 가지이다. 하나는 여러 층의 여과재가 들어 있는 그야말로 빨대 모양의 정화 장치로, 야외에서 더러운 물을 그 빨대로 빨아 마실 수 있는 장치이다. 세균과 바이러스 등 오염 물질을 미국 환경보호청EPA 수질 기준을 달성할 수준으로 정화해 준다. 빨대 하나로 약 1,000리터의 물을 정화할 수 있다. 다른 하나는 '생명의 빨대 가정판'이다. 원리는 야외용과 정반대로 오염된 물을 물통에 매단 뒤 가정용 빨대에 연결하면 여과재를 거쳐 정화된 물이 빨대 끝으로 흘러나오도록 한 장치이다. 가정에 설치해 두고 쓸 수 있는 이 장치로는 1만 8,000리터의 물을 거를 수 있는데, 5인 가정이 3년간 쓸 수 있는 양이다.

이 기구는 간이 정화 장치이지만 높은 정화 능력과 내구성 등을 위해 첨단의 기술력이 들어간다. 따라서 값도 비쌀 수밖에 없다. 그런데 이 회사는 지난해 케냐 서부 지역에 '생명의 빨대 가정판' 약 90만 개를 무료로 나눠 주었다. 주민의 90퍼센트가 넘는 약 400만 명이 하루아침에 안전한 물을 마시게 된 것이다. 그렇다면 그 비용을 어떻게 댈까. 이 회사는 탄소배출권을 판매하는 기발한 방식을 채용했다. 수인성 질병을 막기 위해 케냐 주민들은 더러운 물을 반드시 끓여 먹는다. 여성들은 물을 길어 오느라 보내는 시간에 더해 땔감을 주워 오는 데 여러 시간을 보내야 한다. 나무를 태우면 그 과정에서 온실가스인 이산화탄소가 발생한다. 죽은 나무가 없으면 산 나무를 베어야 한다. 나무를 태우는 과정에서 다량의 유해가스가 발생하기도 한다. 따라서 물을 끓이지 않고도 안전한 식수를 공급한다면 그만큼 이산화탄소 발생을 억제한 것이기 때문에 교토의정서 청정 개발 체제가 마련하고 있는 온실가스 배출권을 확보할 수 있는 것이다. 이 회사는 정수 장치를 통해 케냐 서부에서 연간 200만 톤의 이산화탄소 배출을 감축할 것으로 기대하고 있다.

환경기술의 핵심은 자연의 기능을 빌려 오거나 본뜨는 것이다. 나아가 지역의 기후와 생태적 여건에 적응해 오래 살아가는 것, 즉 지속 가능한 삶의 방식을 이루는 것이 환경기술의 가장 중요한 목적이다. 따라서 최근 과학자는 물론이고 국제기구도 환경친화적인 전통 기술을 발굴하고 이를 현대화해 널리 보급하는 데 큰 관심을 가지고 있다. 이제는 잊혀진 농업기술에 그런 것들이 적지 않다. 농약과 비료가 다량으로 쓰이기 전 논에는 미꾸라지 등 물고기가 많았다. 농부들은 물고기가 단지 추어탕거리만은 아니라는 걸 알고 있었다. 논의 병충해를 막아 주고 벼를 잘 자라게 해 준다는 것을 직관적으로 알았을 것이다. 하지만 과학적으로 이를 규명하려는 노력은 없었다. 최근 중국의 과학자들은 6년 동안의 장기 연구 끝에 논에서 벼와 잉어를 함께 기르는 것이 농민과 환경에 얼마나 득이 되는지를 실증적으로 밝혔다. 중국 남부 저장성에서 연구자들은 논에 잉어를 기르면서 그 효과를 정밀하게 조사했다. 그랬더니 벼만 재배한 논과 비교해 쌀 수확량은 변화가 없었지만 농약은 3분의 2나 적게 들었고 비료도 4분의 1 적게 쳐, 결과적으로 농민의 소득은 곱절로 늘어났다. 잉어는 벼의 대표적 해충인 벼멸구가 물에 떨어지기 무섭게 재빨리 잡아먹었다. 논의 잡초와 도열병을 막아 주는 구실도 했다. 잉어의 배설물은 양질의 질소비료이다. 또 잉어가 활동하기 힘든 한여름에도 벼가 물 표면을 그늘지게 만들어 활발하게 먹이 활동을 하도록 했다. 천 년 이상 전해 내려온 물고기와 벼를 함께 재배하는 전통은 특히 토지와 물이 부족한 개발도상국에 유용할 것으로 기대된다. 우리나라에서도 한때 벼와 미꾸라지를 함께 기르는 농업을 연구했으나 흐지부지됐다. 그러나 최근 전북 남원 등에서 미꾸리와 벼를 함께 기르는 친환경 농법이 시도돼 성과를 거두자 점차 다른 지역으로 확산되고 있다.

아프리카 사하라 남부 지역은 세계에서 기근이 가장 심한 곳인데, 이곳은 토양의 비옥도가 해마다 줄어들어 수확량이 감소하는 심각한 문제를 안고 있다. 최근 과학자들은 개미가 그 해결책을 줄 것이라는 기대를 품고 있다. 건조지역에 개미나 흰개미가 뚫어 놓은 수많은 굴은 식물의 뿌리가 수분을 찾아 뻗어 나가는 것을 돕는다. 또 개미의 위장에는 질소가 풍부한 세균이 사는데 개미가 물어 나른 흙덩이나 배설물 속에는 그 세균 덕분에 다량의 질소가 들어 있어 토양을 비옥하게 한다. 개미가 서식하면 밀 생산량이 그 전에 비해 36퍼센트 늘어난다는 보고도 있다. 사실 '흰개미 농업'은 서아프리카에서 농민들이 이미 오래전부터 해 왔다. 농민들에게는 그 옛날부터 흰개미 집 위에 과수를 심거나 개미집 흙을 퍼 와 농지에 뿌리는 전통이 있었다.

참고 문헌

- Venon L. Scarborough et. al., Water and sustainable land use at the ancient tropical city of Tikal, Guatemala2012, *Proceedings of the National Academy of Science* #1202881109.
- Jian Xie et. al., Ecological mechanisms underlying the sustainability of the agricultural heritage rice-fish coculture system2011, *Proceedings of the National Academy of Science* #1111043108.
- Q DRUM(http://www.qdrum.co.za)
- Vestergaard-frandsen(http://www.vestergaard-frandsen.com/lifestraw/)
- Treadle pump, Akvopedia(http://www.akvo.org/wiki/index.php/Treadle_pump)

임성진(전주대학교 사회과학대학 학장)

베를린 자유대학교에서 환경정치경제학으로 박사 학위를 받았고 동대학 환경정책연구소 Environmental Policy Research Center에서 에너지와 기후변화 문제를 연구했다. 현재 전주대학교 교수로서 사회과학대학장 및 지식정부연구소장을 맡고 있으며, 청색기술연구회 대외협력팀장과 한국환경정책학회 이사로도 활동 중이다. 제8기 국가과학기술 자문위원, 에너지대안센터 이사, 국가연구개발사업 예산조정·배분 전문위원(에너지자원분과), 환경친화기업 심사위원, 수자원장기종합계획협의체 위원, 환경관리공단 비상임이사 등을 역임하면서 에너지, 환경 분야 전문가로서의 사회적 역할을 수행하고 있다. 주요 논문으로 〈EU의 기후변화정책과 정책결정과정의 특성〉 〈에너지전환 측면에서 본 정부의 전력공기업 개혁 정책〉 〈지구온난화 방지를 위한 독일의 에너지 정책〉 〈원전개발에서 폐쇄에 이르기까지 독일 원자력 정책의 변천 과정〉, Responding to Climate Change Agreement: South Korean Energy Policy 등이 있으며, 《미래의 에너지》 《국민과 함께하는 개헌이야기》 《물 문제의 성찰과 전망》 《과학기술정책과 의회의 역할》 《인문학자, 과학기술을 탐하다》, International Perspectives of Energy Policy and the Role of Nuclear Power 등의 저서(공저 포함)와 역서가 있다.

*14*장
인간과 자연 중심의 따뜻한 에너지 기술

과거에서 미래로

2011년 3월 일본 후쿠시마에서 발생한 원전 사고와 그로 인한 대규모의 방사능 유출은 에너지 대량 공급에 의존하는 현대 산업사회의 근간을 뒤흔들만한 엄청난 사건이었다. 사고 발생 후 일 년 반이 경과한 지금도 방사성 물질은 여전히 일본의 다른 지역으로 확산되고 있고 인접한 한국에서까지 방사능에 오염된 식품이 검출되는 현실이, 그리고 앞으로 얼마 동안이나 더 방사능의 위협이 지속될 것이며 얼마나 더 많은 사람들이 피해를 보게 될지 모를 불확실한 미래가 사람들을 불안에 떨게 한다. 더군다나 후쿠시마에서는 아직도 사고 수습이 이루어지지 못한 채 원자로 내부로의 접근이 불가능한 상황인데도 진실이 호도되고 있어 우리의 불안감을 더욱 부추긴다. 이러한 일련의 상황들을 마주하며 우리는 인류가 일말의 주저도 없이 마음껏 가져다 쓰고 있는 에너지자원과 이를 이용하기 위해 개발된 각종 기술이 과연 무엇을, 그리고 누구를 위한 것인지에 대한 근본적인 물음을 던지지 않을 수 없다.

선사시대에 최초로 불을 사용하기 시작한 이래 인류는 다양한 에너지원을 이용해 문명을 발달시켜 왔다. 초기에는 목재처럼 손쉽게 구할 수 있는 자원을 주로 사용했지만 문명의 성장과 함께 화석에너지를 연소시켜 동력을 얻어 내는 기술을 개발하기 시작했다. 이러한 화석연료 기술을 토대로 지속적으로 대형화의 길을 걸어온 산업 체제는 시간이 흐를수록 더 강력한 화력을 지닌 에너지원을 필요로 했고, 그 결과 석탄과 석유를 거쳐 마침내 원자력발전이라는 초대형 에너지원을 이용하기에 이르렀다. 이러한 기술 발전에 힘입어 인류는 1·2차 산업혁명을 거치며 대형화되고 전문화된 산업과 에너지 체제를 만들어 냈으며, 새로운 에너지 기술로 가능해진 대량생산은 세계화된 규모로 시장을 확대했고, 이것은 또다시 더욱 집중화되고 규모가 큰 다른 생산 설비의 등장과 기술 발전으로 이어졌다.

그러나 이러한 대규모의 집약적 에너지 기술 체제는 그 규모가 커질수록 생산이 중앙으로 집중되면서 지역 단위의 생활공간과 그 속의 인간이 점차 에너지에 관한 논의로부터 소외되는 문제점을 가져왔다. 그 결과 산업화된 나라에서는 어김없이 에너지 시장을 거대 자본을 바탕으로 한 대규모 에너지 공급자가 장악하게 되었고, 개인과 기업은 단순한 소비의 주체로 전락하고 말았다. 그리고 에너지 시장에서는 효율과 경영의 논리만이 지배할 뿐, 에너지의 가치에 대한 논의는 관심 밖의 문제가 돼 버렸다. 즉 에너지는 그저 사고파는 대상일 뿐 적절한 에너지가 잘 사용되고 있는지, 에너지 이용에서 소외된 사람은 없는지, 또 에너지의 이용이 자연에는 어떠한 영향을 주고 있는지와 같은 문제들은 더 이상 고민의 대상이 아니었다.

이처럼 에너지가 단지 산업 성장을 위한 도구로만 취급되면서 확대된 시장과 기술의 발전은 심각한 에너지 양극화를 가져와 빈곤층과 저개발국 사람들이 바람직한 에너지의 이용으로부터 소외되는 에너지 빈곤 문제를 야기했다. 그리고 대규모를 자랑하는 에너지산업은 먼 나라에서 들여오는 저렴한 화석에너지의 이용을 가속화시켜 자연에너지의 지역 순환 구조와 공동체를 해체하고 온난화 위기를 더욱 심화시키고 있다. 현재 세계가 겪고 있는 경제 위기 역시 화석에너지의 대량 소비와 고갈이 가져온 결과이다.

이러한 배경 속에서 에너지 부문에 등장한 따뜻한 기술은 앞서 말한 성장 위주의 전통적인 대규모 에너지 기술 체제를 사람과 자연, 그리고 지역을 우선시하는 자연 친화적이고 인간 친화적인 소규모 에너지 체제로 전환하려는 노력이다. 따뜻한 에너지 기술은 소외된 에너지 계층이 인간과 자연을 위한 에너지를 언제 어디서든 저렴한 가격에 접할 수 있고, 유지와 관리 또한 용이하며, 에너지 절약과 효율성을 높여 주는 기술이다. 또한 지역의 특성에 맞는 자연에너지를 이용하는 분산형 기술을 기초로 하기 때문에 당면한 에너지 문제의 풀뿌리 민주주의적 해결책이기도 하다.

그런데 따뜻한 기술의 목표는 단순히 에너지 복지의 실현에만 있는 것은 아니다. 기술개발과 적용 그 모두가 사람 중심이 되는 지속 가능한 기술혁신을 통해 인간과 자연이 우선시되는 사회혁신을 이루고, 이를 토대로 미래형 지역 순환 경제를 활성화시켜 고용과 소득 창출에 대한 근본적인 해결책을 마련하는 데 더 큰 목표가 있다. 이렇게 따뜻한 에너지 기술을 복지와 지속 가능한 혁신을 통합한 개념으로 이해하고 실현시키는 것은 우리 사회가 3차 산업혁명, 자연 자본주의, 청색 경제 등으로 표현되는 미래 사회 패러다임에 가장 적은 비용으로 모두가 함께 들어설 수 있는 가장 현명한 방법이기도 하다.

소외된 사람들을 위한 따뜻한 에너지

세계적으로는 아직도 저개발국을 중심으로 16억 이상의 인구가 전력난을 겪고 있으며, 27억에 이르는 사람들이 장작, 숯, 동물 배설물, 볏짚 같은 고체 바이오 연료를 이용하는 고전적인 취사와 난방 방식에 의존하고 있다. 이러한 에너지 이용 방식은 산림자원의 파괴뿐 아니라 연소 과정에서 나오는 유해가스로 인한 건강의 위협, 지구온난화 등을 유발하고 있어 시급히 해결돼야 할 문제로 지적되어 왔다. 그리고 그에 대한 대책의 일환으로 개도국의 에너지 소외계층을 위한 따뜻한 에너지 기술의 개발과 보급이 적정기술이라는 이름으로 오래전부터 시행되고 있는데, 이러한 노력은 특히 2007년에 시작된 '소외된 90퍼센트를 위한 디자인' 운동을 계기로 더욱 활기를 띠고 있다.

소외된 90퍼센트를 위한 기술의 대표적인 사례로 케냐의 세라믹 풍로를 들 수 있다. 이것은 영국의 적정기술 NGO인 중간기술 개발그룹이 케냐 주민을 대상으로 보급한 휴대용 목탄 스토브로, 이 풍로의 사용은 30~50퍼센트에 이르는 연료 절감과 유해가스 발생 감소 등 많은 긍정적인 효과를 가져왔다. 현재 이 스토브는 케냐에서 모든 도시 가정의 50퍼센트, 농촌 가정의 16퍼센트 정도에 보급되었으며 다른 인접 아프리카 국가로도 확대되고 있다. 이와 유사하게 최근에는 유럽연합의 지원으로 이탈리아의 한 연구소에서 카메룬과 차드에 보급할 목적으로 세라믹 개량 스토브ceramic improved stove와 중앙아프리카식 개량 스토브centrafrician improved stove를 개발했는데, 이 제품들은 현재 사용 중인 재래식 화덕보다 에너지를 24~35퍼센트 절약할 수 있고 에너지 비용도 가구당 18퍼센트 이상 줄일 수 있는 것으로 나타났다.

이렇듯 에너지 소외계층이 간편하고 저렴하게 에너지를 이용할 수 있도록 고안된 수많은 기술들이 자연과 인간 모두에게 친화적인 재생에너지 이용과 결합된다면, 미래의 에너지산업이 인간 중심의 따뜻한 기술을 토대로 지구촌을 얼마나 아름답게 발전시킬 수 있을지 충분히 상상 가능하다. 자연과 인간 모두에게 친화적인 따뜻한 기술로 꼽히는 가장 보편적인 사례는 바로 태양열 조리기이다. 저개발국 주민에게 보급하기 위해 구상된 이 조리기는 일반적으로 부채꼴 모양이나 원형의 반사기를 이용해 태양열을 모아 가열하는 방식을 취하며 일반인도 현장에서 쉽게 만들어 쓸 수 있도록 설계되어 있다. 그동안 선진국 NGO를 중심으로 아프리카 저개발국에 주로 보급된 태양열 조리기는 지역 주민, 특히 여성의 삶에

쉐플러 태양열 조리기

건강 증진, 노동 절감 등 많은 긍정적인 변화를 가져왔다.

현재 개발된 태양열 조리기 중 에너지 효율이 가장 높은 것으로 알려진 제품은 쉐플러 조리기이다. 독일 출신의 볼프강 쉐플러 Wolfgang Scheffler가 개발해 1996년부터 저개발 국가에 보급하고 있는 이 조리기는 특히 원 개발자가 특허를 내지 않은 덕분에 원하는 사람은 누구나 자유롭게 이용이 가능하도록 돼 있어 따뜻한 에너지로서의 가치를 더한다. 쉐플러 조리기는 반사판에서 빛이 반사돼 멀리 있는 곳에 빛이 모이도록 설계돼 있으며, 빛이 모이는 곳에 다시 작은 반사판이 있어 재반사된 빛이 철판을 가열하는 방식으로 작동한다. 이 조리기에는 태양 자동추적 장치가 있어 커다란 반사판이 해를 좇아 자동적으로 움직이며 빛과 열을 간편하게 모을 수 있다. 이렇게 열을 모은 쉐플러 조리기는 15~20분 안에 밥을 하며, 1리터의 물을 끓이는 데 5분 정도 밖에 걸리지 않는 등 화력도 대단하다. 쉐플러 조리기는 오랫동안 음식조리에 필요한 목재 등의 연료를 구하기 위해 갖은 위험에 노출되었던 인도 여성을 구한 발명품으로도 잘 알려져 있다.

재생에너지와 에너지 고효율 기술을 중심으로 이루어지는 따뜻한 에너지의 이용은 근래 들어서 저개발국 사람들을 위한 원조기술의 성격을 넘어 새로운 고객층을 만들고 확장하는 기업의 영역으로 발전하고 있다. 최근 미국 매사추세츠 공대의 니컬러스 네그로폰테는 저개발국 어린이에게 보급할 목적으로 '어린이 한 명당 노트북 한 대씩OLPC'이라는 프로젝트를 시작해 100달러짜리 노트북을 개발했다. 이 노트북은 전기가 없는 곳에서도 어린이들이 크랭크, 밟기판, 스퀴드랩스 풀코트 방식을 이용해 언제든지 사용하고 충전할 수 있다. 또한 최대한 낮은 전력을 소비하도록 설계되어 있어 최대 가동모드에서도 2와트의 전력만을, 그리고 대기모드에서는 0.25와트의 전력을 소비한다. 또 노트북에 내장된 무선랜Wi-Fi 안테나를 통해 어린이들은 반경 0.8키로 내에서 서로 연결망을 형성하며 자유롭게 웹서핑을 할 수도 있다. 이 노트북은 선진국의 구매자가 두 배의 가격으로 노트북을 사면 한 대가 개발도상국의 어린이에게 지급되는 G1G1Give One Get One 방식으로 판매되었는데, 현재까지 전 세계 250만 명의 어린이들이 혜택을 보고 있다.

넷북과 태블릿 PC의 기원이 되기도 한 이 100달러짜리 노트북이 지닌 첨단 기술적 해법과 감성적 디자인은 이미 여러 곳에서 응용되고 있으며 기술적으로도 계속 진화하고 있다. 최근 네그로 폰테과 함께 100달러 노트북 제작에 참여하고 있는 스위스 산업 디자이너 이브 베하는 태양광으로 전력을 공급하는 100달러짜리 태블릿을 설계해 출시했다. 이 태블릿은 기존 노트북의 후속격으로 더 가볍고, 더 작고, 전력이나 원자재가 덜 들도록 만들어져 따뜻한 기술혁신의 새로운 사례로 주목받고 있다.

새로운 사회를 여는 따뜻한 기술

이러한 따뜻한 기술의 혁명은 비단 기기의 개발에만 국한되는 것이 아니다. 지역 전체가 그 대상이 되기도 한다. 일본 도쿄에서 52키로 떨어진 거리에 오가와마치라는 인구 3만 5,000명의 마을이 있다. 이곳에서는 농가와 임가가 주민과 함께 풍부한 지역 자원을 활용하는 지역 순환 경제를 수립함으로써 식품과 에너지의 자급 모델을 구축했다. 우선 일반 가정에서 주 2회 수분을 제거한 음식물 쓰레기가 배출되면 지역 바이오가스 플랜트로 보내진다. 이 플랜트에서는 음식 쓰레기로 연 3,600세제곱미터의 바이오가스를 만들어 전력과 온수 생산에 활용하며, 남는 가스를 가지고는 액체 비료와 메탄가스를 생산한다. 또 폐식용유를 재활용해 마을 농기구의 연료로 사용하며 더 효과적인 농작을 위해 태양광을 이용하기도 한다. 지역 주민과 NGO가 자발적으로 음식물 쓰레기의 활용을 위해 만든 이와 같은 지역 순환 시스템은 에너지뿐 아니라 지역의 농산물과 자원을 순환시키는 역할을 함으로써 사람 중심의 새로운 에너지 자립 공동체를 만들어 내고 있다.

또 다른 에너지 자립 공동체의 예는 독일 바덴 뷔르템베르크 주의 프라이암트Freiamt라는 곳에서도 찾을 수 있다. 약 4,300여 명이 거주하는 프라이암트는 주로 농업, 관광업, 임업을 주업으로 하는 소규모 마을들로 구성되어 있으며 이곳에서는 해마다 약 1,400만 킬로와트시의 전력이 풍력, 수력, 태양열 등의 재생에너지를 이용해 생산된다. 그중 200만 킬로와트시의 전력은 지역의 에너지 수요를 충당하고도 남는 잉여 전력으로 독일 재생에너지 법에 따라 높은 가격으로 전력 회사에 판매됨으로써 또 하나의 지역 수입원이 된다. 이 마을에 설치된 240개의 태양광시스템은 3,300kWp(순간최대전력)의 발전 능력을 지니고 있으며, 350여 명이 공동출자한 지역 풍력 회사 소유의 풍력 터빈 5기에서는 총 9,700킬로와트의 전기가 생산된다. 이 밖에도 4개의 소규모 수력발전소가 건설돼 일반 가정이나 상업용의 전력 수요를 담당하며, 150개의 태양 집열판이 지역의 난방과 온수 공급을 책임지고 있다. 프라이암트 지역에서는 또한 기름 대신 우드펠릿wood pellet을 이용하는 보일러와 지열이나 공기 또는 물로 가동되는 열펌프 보일러도 다양하게 보급되어 난방에 사용되고 있다. 지난 2002년에는 최초로 바이오가스 시설이 건설돼 해마다 340킬로와트의 전기를 생산하고 있으며, 2009년에는 두 번째의 바이오가스 시설이 들어서면서 매년 190킬로와트의 전기를 추가로 생산하고 있다. 이러한 재생에너지 시설을 통해 이 지역은 총 9,800톤의 이산화탄소 배출 절감 효과도 거두고 있다.

프라이암트가 이렇게 에너지 자립 공동체로 전환할 수 있었던 원동력은 지역 주민의 적극적인 참여에서 찾을 수 있는데, 이러한 동참을 이끌어 낸 데에는 독일 에너지법의 역할이 무엇보다 컸다. 독일의 재생에너지법은 재생에너지를 이용해 생산된 전기의 경우 전기회사가 고가에 매입하는 것을 법적으로 보장해 주고 있으며, 이것이 금융기관이나 개인의 재생에너지 투자를 유도하고 있다. 프라이암트는 장기적으로 저탄소 경제체제를 넘어 제로탄소 경제를 지향하고 있다.

국내에서는 전북 부안의 에너지 등용마을이 대표적인 에너지 자립 마을로 꼽힌다. 2005년 2월 주민들이 시민발전소를 건립하면서 시작된 재생에너지 발전은 2012년 현재 설비용량 41킬로와트의 태양광발전 시설을 이용해 마을 주민이 사용하는 전기의 약 60퍼센트를 생산하고 있다. 여기서 더 나아가 2015년까지 에너지 사용량을 30퍼센트 줄인다는 목표를 세우고 마을의 전등을 에너지 고효율 전등으로 교체하는 등 에너지 절약을 위한 운동이 주민들에 의해 추진되고 있다. 그리고 이 외에도 진안, 부안 화정마을 등 전국 곳곳에서 비록 규모는 작지만 그 지역의 특성에 맞추어 에너지 자립 마을을 향한 다양한 시도들이 이루어지고 있다.

지금 지구는 기후 재앙의 위기 속에 몸살을 앓고 있다. 하루가 멀다 하고 폭염, 가뭄, 폭설, 홍수의 소식이 들려온다. 모두 인류가 문명의 이기에 취해 착취당하는 자연과 그 안에서 살아가야 하는 인간을 같이 보지 못한 탓이다. 과학 발전이란 미명 하에 인간 오만의 상징인 바벨탑처럼 그저 높게만 쌓아 가는 비인간적인 에너지 기술 문명은 더 이상 인류의 미래를 보장할 수 없는 위험한 것임이 분명해졌다. 경제적 성장에만 편향되지 않은, 진정으로 인간의 삶을 위하고 소수가 아닌 모두에게 혜택이 돌아가는, 그리고 인간과 자연이 상생하는 따뜻하고 지속 가능한 과학기술로의 패러다임 전환만이 인류의 미래를 가능케 할 유일한 길이 아닐까.

참고문헌

- 〈소외된 사람들을 돌아보는 적정기술〉, 박상덕, Journal of the Electrical World. April, 12–13, 2011.
- 〈핵 폐기장을 뛰어넘어 에너지 자립을 꿈꾸는 마을〉, 부안시민발전소, 2012.
- 《소외된 90%를 위한 디자인》, 스미스소니언, 에딧더월드, 2010.
- 《3차 산업혁명》, 제러미 리프킨, 안진환 역. 민음사, 2012.
- 〈21세기 적정기술〉, 홍성욱. 2012.
- Erneuerbare Energien in Freiamt: Wind, Sonne, Wasser, Freiamt. 2012.
- Schumacher meets Schumpeter: Appropriate technology below the radar. Research Policy 40, 193–203, Kaplinsky, Raphael. 2011.
- Navigating the limitations of energy poverty: Lessons from the promotion of improved cooking technologies in Kenya. Energy Policy 47, 202210, Sesan, Temilade. 2012.
- Neue Technologien im Dienste der menschlichen Entwicklung. Human Development Reports, UNDP. 2001.
- Improved cookstove as an appropriate technology for the Logone ValleyChad – Cameroon: Analysis of fuel and cost savings. Renewable Energy 47, 45–54, Vaccari, M.·Vitali, F.·Mazzu, A. 2012.

장윤규(운생동 대표)

서울대학교 건축과 및 동대학원을 졸업했다. 현재 '운생동건축가그룹' 대표, 국민대학교 건축대학
교수, '갤러리정미소' 대표로 활동하고 있다. 주요 건축 작품으로 금호복합문화공간 크링, 예화랑,
서울대학교 건축대학, 홍익대학교 대학로캠퍼스, 파주출판단지의 생능출판사, 광주 디자인센터, 이
집트 대사관 등이 있다. 세계적인 건축상인 AR 어워드와 뱅가드상을 비롯해 2008년 한국공간디
자인대상 대상, 대한민국 우수디자인GD 국무총리상을 받았다.

코오롱 에너지 플러스 그린홈은 현재 한국 친환경 주택 부분에서 가장 최신에 완공된 주택이다. 두꺼운 코트를 입어도 매서운 추위를 느낄 수 있는 날씨에 친환경 주택인 코오롱 에너지 플러스 그린홈을 찾았다. 밖은 영하 14도인데 안의 온도계는 23도를 가리키고 있었다. 건축이 완공된 뒤에도 가끔 방문하긴 했지만 이렇게 추운 날씨에도 내부 온도는 물론 주택에 가장 중요한 쾌적성을 잃지 않은 점에서 설계한 본인도 무척이나 놀랍고 살고 싶다는 생각이 들었다. 이러한 주거의 쾌적성을 만들어 내는 방식이 외부의 에너지를 이용한 강제적인 방식이 아니라 건축의 틀과 친환경 기술의 총합으로 달성되었다는 점이 흥미롭다.

국내에서는 친환경 주택에 대한 고정관념이 있다. 실제로 살고 있는 집의 면모를 살펴보면, 건물의 단열을 두껍게 해 놓은 정도의

친환경 주택 외부

친환경 주택 내부 ©Sergio Pirrone

주택을 친환경 주택의 표본인 것처럼 이야기하고 있는 실정이다. 여기에 태양열 혹은 태양광 집열판을 건물 위에 더해 약간의 전기를 생산하거나 온수를 만들어 내는 정도로 건축이 이루어진 상태이다. 시커먼 태양열 집열판을 달고 창문을 작게 낸 답답하고 재미없는 상자형 건물이며 기술만을 강조한 딱딱한 건물로 구성되어 있다. 환경 주택에서 기초적인 기술만을 차용하여 저급 주택을 완성하였기 때문에 이러한 현상이 발생한 것이다.

친환경 주택에서의 따뜻한 기술이란 개념은 이런 점에서 더욱 중요할 수 있다. 친환경 건축에서 강조되어 온 기술의 발전 부분을 주택 공간과 결합해 따뜻한 기술로 변화시킬 수 있는 가능성을 내포함과 동시에 새로운 기술과 감성을 만들어 낼 수 있는 미래형 주택을 완성할 수 있기 때문이다.

건축 중에서도 주택은 삶의 주된 공간으로 예술적 감성과 기술이 통합된 주거 환경을 생성하는 것을 가장 필요로 한다는 점은 누구나 알고 있는 사실이다.《예술과 기술Art and technics》이라는 명저를 남긴 멈퍼드Lewis Mumford에 의하면, 예술이 인간의 내면적이고 주관적인 측면을 대변하여 내면적인 상태를 드러내고 투상하는 과정이라면, 반대로 기술은 인간 삶의 외적인 요인들을 조절하고 대처하는 장치로서의 역할을 해야 한다고 정의한 바 있다. 따라서 주택의 가장 중요한 기본은 인간의 생활을 담는 편리성과 정서적 안정성을 제공하는 공간이 되어야 하며, 이러한 공간을 만들기 위해서는 건축적 기술과 예술적 감성이 종합적으로 달성되어야 한다.

현재 우리나라의 기존 친환경 주택은 패시브하우스 개념에서 액티브하우스 개념으로 넘어가는 단계에 있다. 다시 말해 단열 시스템을 통한 에너지 소모를 줄이는 데 집중해 왔던 기존의 패시브하우스에서 주택에 필요한 에너지를 자체 생산하는 액티브하우스로 변모하고 있다고 볼 수 있다.

패시브하우스 시스템은 건축적으로 직접 해결할 수 있는 방법을 찾아서 수동적으로 외부로 빠져나가는 건물의 에너지를 잡아 주는 방식을 의미한다. 건물 자체의 디자인을 개선해 에너지 소비량을 줄여 나가는 방식으로, 건물의 자연 채광을 고려한 배치에서부터 바람길을 만드는 자연 환기의 활용 등 기본적인 건축 환경을 제어하는 시스템이라 볼 수 있다. 여기에 보조적인 건축 장치로 단열 시스템, 옥상 녹화, 이중 외피 시스템, 실내 정원, 아트리움 등을 이용하게 된다.

그러나 건축적인 해결 방식인 패시브하우스 시스템으로는 주택에 사용되는 에너지를 생산할 수 없다. 이와 달리 신재생에너지라 불리는 태양광발전, 태양열 급탕, 지열, 풍력발전, 바이오가스 등을 이용한 설비를 갖춰 별도의 에너지 공급을 필요로 하지 않는 것이 액티브하우스이다. 이 때문에 '제로에너지 하우스'라고도 불린다. 액티브하우스는 햇빛, 물, 지열, 강수, 생물 유기체 등 자연에 상존하는 에너지를 활용한 신재생에너지로 조명, 냉난방 설비 시스템을 효율적으로 대체해 에너지 소비를 적극적으로 감축하는 것을 목표로 한다.

어쩌면 인류 역사를 통틀어 최후의 주택final house은 주변에서 제공되는 에너지를 전혀 소모하지 않는 가장 독립적인 주택일 수밖에 없다. 그래서 이 최후의 주택은 땅굴 속 주거와 같이 건축적으로 가장 원시적인 주택이며, 기술적으로는 가장 첨단의 에너지를 생산하는 에너지 생산 주택이 될 것이다. 이제는 소비할 수 있는 자원과 에너지가 사라질 때, 어떠한 삶을 살아야 하는지에 대해 생각하지 않을 수밖에 없다. 우리가 집에서 쓰고 있는 전기를 자체적으로 해결해야 한다면 어떻게 될까. 우리는 지금까지 주택을 비롯한 건축물에서 쓰는 전기를 화력, 수력, 원자력에서 발생시킨 외부 전력으로 사용하는 것을 당연시하며 살아왔다. 특히 우리나라는 국가 총 에너지 소비량의 97퍼센트를 수입에 의존하고 있고, 그중 건물 부문의 에너지 소모량은 전체의 25퍼센트 정도를 차지하는 것으로 알고 있다.

이처럼 지금까지의 건축물은 에너지 소모와 낭비의 중심에 놓여 있다. 공동주택관리 정보시스템에 따르면 국내 아파트(105제곱미터 기준) 관리비는 약 27만 원으로 이중 64퍼센트가 에너지 공급에 들어가는 비용으로 조사됐다. 반대로 이 통계에 근거하여 에너지를 줄일 수 있는 방안이 모색된다면, 즉 에너지 절약을 통한 저탄소 제로에너지 하우스가 보급되면 급탕, 난방, 가스, 전기, 수도 등에 필요한 에너지가 '제로'가 돼 관리비가 현재의 1/3수준으로 떨어지게 된다. 또 에너지 사용량을 큰 폭으로 줄이는 것과 동시에 신재생에너지로 사용량보다 많은 에너지를 생산해 주택에 비축할 수도 있다.

현시점에서 우리나라는 미래의 환경과 에너지 고갈을 언급하기

전에, 저에너지의 필요성을 먼저 언급해야 한다. 특히 최근 고유가 시대가 도래하면서 저탄소 녹색 성장에 대한 관심이 에너지 절약형 건축으로 대두되었다. 이제 한국의 친환경 주택의 기준도 에너지를 어떻게 유용하게 제어할 수 있는지에 연결되었다. 현재 우리나라에서 친환경 주택의 대표적인 완성은 미래 주택을 위한 샘플하우스가 주를 이룬다. 기본적으로 친환경 주택은 기술을 접목하여 완성하기에는 시공부의 부담이 커 현시점에서는 일반적인 주택에 상용화하기 어려운 것이 통상적이다. 최근 기업과 관의 주도로 이러한 친환경 주택을 완성하는 프로젝트가 진행되고 있는데 이른바 건물에너지 효율화 사업Building Retrofit Project이다. 이는 건물의 에너지 손실과 비효율적 요인을 개선하여 에너지 사용량을 절감하고 이용 효율을 향상시키는 사업으로 건물에너지 절약과 직접적으로 연관된 요소를 개발하는 데 집중되어 있다. 지식경제부가 완성한 과천 그린홈, 한국에너지기술원의 제로에너지 솔라하우스, 대림건설의 3리터 하우스, 삼성물산의 그린 투모로우, 코오롱건설의 에너지 플러스 그린홈이 대표적인 샘플하우스이다.

과천 그린홈은 태양열, 태양광, 지열, 바이오매스, 연료전지 등의 신재생에너지 기술을 도입하고 패시브의 기본적인 기술이라 볼 수 있는 단열 강화 시스템, 열교환 환기장치, 3중 유리, 에너지 절약형 목구조, 옥상 녹화층 등의 기술을 접목했다.

제로에너지 솔라하우스는 신재생에너지와 첨단 IT기술을 활용한 제로에너지 주택이다. 화석연료를 대체할 수 있는 기술 중에서 태양열로 온수와 난방, 태양광으로 전기, 지열로 냉방과 난방을 대체했다. 주택에 공급되는 전체 에너지의 70퍼센트 수준을 충당하는 제로에너지 주택을 제안하고 있다.

3리터 하우스는 바닥 면적 1평방미터당 연간 3리터의 난방용 기름을 소모하는 친환경 고효율 주택이다. 단열재 생산을 기반으로 하는 독일 바스프BASF사의 고효율 단열 기술, 창호 시스템, 신재생 에너지인 연료전지 시스템CellVille, 공기 자체 순환 시스템, 잠열 보유 플라스터 등의 기술이 접목되었다.

그린 투모로우 제로에너지 주택은 화석연료를 전혀 사용하지 않는 친환경 주택의 개념을 적용했으며, 에너지 사용량을 줄이는 데서 벗어나 태양열·지열·풍력 등 자연에너지를 최대한 이용해 오히려 사용량보다 많은 에너지를 생산할 수 있다. 건물의 최적화 배치와 향, 고성능 단열 벽체나 창호 등을 통해 에너지 사용률을 크게 낮추고, 효율이 높은 기계 및 전기 설비를 설치해 기존 주택 에너지 사용량의 56퍼센트를 절감하고, 나머지 44퍼센트는 태양광과 태양열, 지중열 및 풍력 등 신재생에너지를 통해 보충하는 방식이다. 그린 투모로우의 대표적인 에너지 생산 장비는 연간 21메가와트시를 생산하는 지붕형 태양광발전BIPV이다. 이밖에 창문에 설치된 블라인드형 태양광발전, 염료 감응형 태양광발전 등이 건물 곳곳에서 에너지를 만들어 낸다. 태양광발전이 어려운 야간에는 마당에 설치된 소형 풍력발전기가 이를 대체한다. 여름과 겨울의 냉난방은 평균 15도 내외의 지중열을 활용, 히트펌프를 사용해 온도를 조절한다. 연간 약 2메가와트시의 집열이 가능한 태양열 급탕 설비는 연중 따뜻한 물을 공급한다. 그린 투모로우는 화석에너지 사용량을 최대한 낮추는 동시에 재생 목재·바이오 융합 자재 등 친환경 마감재, 생태적 기법을 적용한 친환경 조경 등으로 이산화탄소 배출도 최소화했다. 최첨단 친환경 기술이 적용된 이 건물은 미국의 친환경 인증인 'LEED' 최고 등급 플래티넘을 획득하며, 세계적 수준의 친환경 기술력을 인정받았다.

과천 그린홈, 제로에너지 솔라하우스, 3리터 하우스, 그린 투모로우의 예에서 볼 수 있듯이 현재 우리나라 친환경 주택은 에너지와 관련된 기술력을 집약하여 효율적인 집을 만드는 데 집중되어 있다. 기술을 강조하였기 때문에 주거를 일종의 시스템이나 기계로 인식하고 디자인에 대한 고려가 충분히 달성되지 못한 한계를 지니고 있다. 주택의 본질은 인간적인 삶과 친환경적인 삶을 담아내는 데에 의미가 있다. 이제는 친환경 건축 기술의 통합을 통해 최적의 시스템이 적용된 에너지 플러스의 지속 가능한 주거를 뛰어넘어 친환경적 생활 속에서 자연 요소들과 친숙하게 만날 수 있는, 건축과 자연이 어우러진 에코 플러스적인 자연 친화형 주거를 요구한다.

에너지 플러스 하우스 그린홈은 프로젝트를 통해 우리나라 친환경 주택의 한계를 넘어 에너지 플러스 기술과 자연을 즐기는 삶이 연결된 자연 친화적 감성을 결합한 주택을 완성했다. 국내 최초로 에너지 플러스 실현을 목표로 삼아 친환경 건축 기술을 통합한 지속 가능한 에너지 플러스형 주택인 Energy+ 개념, 자연 친화적 주거인 Eco+ 개념, 소비자의 디자인 감수성을 자극할 수 있는 주거인 Emotion+ 개념의 3가지 E+ 개념을 제시한 미래형 친환경 주택 모델이다. 최소의 비용으로 주택 에너지 소비를 절감하고 생산

기술을 최적화시켜 실제 보급이 가능하도록 개발하는 데 중점을 두었다. 또한 건물에너지 및 태양에너지 부문 세계 최고의 연구 수준을 자랑하는 독일 프라운호퍼와 연구 협약을 체결하여 건물에너지 절감 및 생산의 앞선 기술력을 도입했고, 철저한 기술 검증을 통해 E+Green HOME을 완성했다. E+GREEN HOME에는 총 95개의 녹색 기술을 최적화시켜 적용했다.

우선 Energy+의 요소 기술 중 각종 고성능 단열재, 고기밀 3중 창호 등을 통해 건물에너지 소비를 최소화했다. 그리고 건물 틈새에서 새는 에너지를 최소화할 수 있도록 기밀 성능을 높였고, 실내의 열이 콘크리트에 저장되도록 축열 구조를 적용해 일정한 온도를 유지할 수 있도록 했다. 추가적으로 필요한 에너지는 태양광, 태양열, 지열 등의 신재생에너지를 적용하여 에너지를 플러스할 수 있도록 했다. 또한 쿨링 라디에이터, 환기 겸용 자연 채광 시스템 등의 새로운 기술을 적용해 사용자의 쾌적감을 극대화했다. Eco+에서는 생활 속에서 건축과 자연의 조화를 이루기 위해 벽면 녹화 및 옥상 녹화를 시공했고, 우수를 정수해 활용하며, 폐목, 플라스틱을 재활용한 가구들로 인테리어를 장식했다. Emotion+에서는 디자인 감수성을 자극하는 다양한 디자인적 요소와 시스템을 적용했으며, 친환경 벽지 및 이산화탄소 농도 모니터링 시스템을 적용하여 거주자의 건강을 고려했다. 이러한 다양한 기술의 모니터링을 위해 450개의 센서를 설치하고 조명, 콘센트, 스위치 등 각 요소에 연계해 에너지 생산량과 소비량에 대한 정보를 통합 저장하고 제어할 수 있는 E+MSEnergy+ Management System가 구축되어 있다.

에너지 플러스 하우스 그린홈의 더욱 중요한 가능성은 지금까지의 친환경 주거에서 기술의 요구나 기능만을 강조했던 형태가 친환경적인 삶의 형식과 맞물려 제안되었다는 점이다. 여기에 중요한 개념으로 랜드스케이프, 에너지 시스템을 총괄하는 하나로 통합된 지붕을 만드는 루프텍처rooftecture가 있다. 즉 자연적 생활의 중심이 되는 마당과 주거의 지붕을 하나의 통합 요소로 보고 건축을 형성하는 개념이다.

이로써 주거의 가장 중요한 쉘터 역할을 하는 지붕이 자연의 대지의 형상을 차용해 마당과 결합한다. 마당과 지붕의 구분이 사라지고 마치 지형의 연속인 것처럼 주택을 구성한다.

자연 대지를 추상적으로 변형시킨 물리적인 스킨과 에너지 생산의 시스템을 포함한 테크놀로지 스킨의 결합을 함께 이루어 낸다. 태양, 물, 대지, 바람, 각각의 자연 요소가 효율적으로 이용 가능한 연속된 산 형상의 루프를 구성한다. 에너지 손실의 최소화, 태양에너지를 최대로 획득하는 지붕 경사면의 각도, 수자원을 이용하는 형태적 굴곡, 옥외 테라스 등의 요소의 결합으로 만든 적절한 구김과 각도가 어우러져 요철을 가진 하나의 지붕이며 랜드스케이프가되는 것이다. 이는 친환경을 이루는 기술적인 부분을 최대의 감성을 만들어 내는 디자인으로 접목시킬 수 있는 가능성을 제안한다.

루프텍처로 구성되는 대지의 지형 아래 마치 땅속에 사는 집과같은 구성을 실현한 에너지 플러스 하우스 그린홈은 국내 최초로독일 패시브하우스협회Passive House Institute에서 인증하는 '패시브하우스 인증' 주거 부문을 획득했다. 패시브하우스는 '에너지 절약형 건축물로 기존의 냉·난방 설비를 최소로 사용하면서도 여름과 겨울철에 쾌적한 실내 환경을 제공하는 건물'이라고 정의한다. 또한 PH인증이란 연간 15KwH/M2 이하로 소비하는 건축물에 인증을 부여하는 독일의 건물에너지 성능 인증제도로, 인증받은 패시브하우스는 기존 일반 주거용 건축물 대비 1/8~1/10의 에너지만으로 거주자에게 쾌적한 환경을 제공한다. PH인증은 각국 기후 및 건축 여건을 감안해 건물에너지 사용량과 거주자 쾌적성 부문에 국한하여 LEED 대비 엄격한 기준을 제시하고 이 기준을 만족하는 경우에만 인증을 부여한다. PH인증 획득을 위해 코오롱건설은 15개월에 걸쳐 총 33개 항목에 이르는 독일 기준과 시험 방법의 검증 절차를 만족시켰다. 이 과정에서 국내와 상이한 독일 기준에 의해 많은 추가 자료를 요구받았으나 국내의 적용 사례 및 실험을 통한 데이터를 제공함으로써 국내 기술을 통해서도 기준을 만족시킬 수 있었다.

이렇듯 우리나라의 친환경 주택은 미래 주택 샘플하우스를 통해 친환경 건축 기술의 통합과 최적의 시스템이 적용된 에너지 플러스의 지속 가능한 주거의 실현을 준비하고 있다. 이러한 친환경 주택의 실현은 단순히 정책적인 녹색 성장 실현이나 기업 아이템의 문제를 넘어서서 미래 후손들의 삶에 직접적인 영향을 줄 것이다. 우리는 자본주의의 보편화에 따른 소비 지향적인 사회가 초래한 지구온난화, 자연 고갈, 에너지 고갈 등의 위험성을 지혜롭게 대처할 수 있는 인간적인 삶과 친환경적인 삶을 담아내는 새로운 주택을 이뤄 내야 할 것이다. 그리고 여기에 감성적인 요구를 더하여,

자연생활을 통해 자연 요소와 친숙하게 만날 수 있는, 건축과 환경이 어우러진 에코 플러스적인 자연 친화형의 주거로 발전할 필요가 있다. 이제 주택이 합리적이면서도 자연에서 유래된 형태와 시스템을 적용하는 이모션 플러스적인 자연 감성 주거로 발전할 것을 기대하며 감성적인 기술의 친환경 주택을 상상해 본다.